ANTON FICHTLMEIER

SUCHEN UND APPORTIEREN

UNTER MITARBEIT VON GILA FICHTMEIER, SUSANNE EHLERS, MARTIN RÖSLER, MICHAEL STÄHLER

KOSMOS

INHALT

INHALT

Liebe Hundefreundin, lieber Hundefreund

Ich möchte mit Ihnen auf einer freundschaftlichen Ebene über Hunde ins Gespräch kommen und Ihnen meine Ideen zum „Suchen und Apportieren“ näherbringen.
Suchen und Apportieren sind Beschäftigungsformen, die es uns ermöglichen, Spiel und Spaß mit unseren Vierbeinern zu haben und dabei ihre Ausgeglichenheit und Kommunikationsfähigkeit zu fördern. Sie helfen uns, den Hund in allen Bereichen des Zusammenlebens kontrollierbarer zu machen, ihn sinnvoll (hundegerecht) auszulasten und im Bereich seiner Talente zufriedenzustellen. Im Rahmen von Gruppenübungen kann man konkurrierendes Verhalten unter Hunden mindern. Durch spezielle Aufgabenstellungen können Hunde lernen, sich selbst zu zügeln und Reize, die ihre Instinkte ansprechen, gezielt zu ignorieren. Dies eröffnet Hunden die Möglichkeit für Ersatzhandlungen, bei denen der Mensch in den Fokus rückt.
Bei diesem Buch geht es mir auch darum, dass wir – Familienmitglieder oder gleichgesinnte Hundefreunde – etwas miteinander machen. Lassen Sie uns an einem Strang ziehen. Wir stellen den Hund in den Mittelpunkt und entwickeln gemeinsam Ideen für ihn. Dadurch werden wir anders an ihn herangehen, wenn wir uns mit ihm beschäftigen.

Ich wünsche Ihnen viel Vergnügen und reichlich spannende und erkenntnisreiche Momente mit Ihrem Vierbeiner.

Anton Fichtlmeier

Plädoyer für ein Umdenken in der Hundeerziehung

„Nicht werfen, zerren oder quietschen" lautete die Überschrift eines Artikels, den ich in den 90iger Jahren schrieb, um Hundehalter vor dem naiven Gebrauch von Spielzeug zu warnen, denn dieser kann ganz schnell zu negativer Veränderung der Kommunikationsfähigkeit von Hunden führen. Ich prägte die Begriffe „Balljunkie" oder wie wir in Bayern sagen „Steckerldepp". Damals bezeichneten Vertreter diverser Hundeverbände meine Ansichten als dubios und weit hergeholt, heute sind diese Erkenntnisse in aller Munde. Vielerorts tönt es auch heute noch: „Ohne Zwangsapport geht es nicht." Wo wird hier das Tierschutzgesetz umgesetzt? Ich verspreche Ihnen: „Es geht doch!" Zu meiner Freude findet auch die von mir kreierte Methode des Tauschens immer mehr Akzeptanz.

In der Rettungshundearbeit entwickelte ich das kommunikative Anzeigen von Suchpersonen. Dabei wird dem Hund nicht vorgegeben, auf welche Weise er anzuzeigen hat. Anstatt ihm ein stereotypes und hysterisches, minutenlanges Lautgeben anzutrainieren, was genau genommen völlig sinnfrei ist, da der Hundeführer ja im klassischen Übungsaufbau bereits neben dem Hund steht, fördern wir beim Hund ein seinem Naturell entsprechendes Anzeigeverhalten, mit dem er situationsgerecht auf die Person verweist. Man gesteht ihm zu, sein kommunikatives Repertoire variabel auszuschöpfen.

Erst kommunizieren dann konditionieren

Aus meiner Sicht sollte im Umgang mit dem Hund immer der kommunikative Aspekt im Vordergrund stehen, so auch im Bereich von Suchen und Apportieren. Es gilt: Kommunizieren kommt vor dem Konditionieren. Damit Sie mein Empfinden für die Seele der Hunde nachvollziehen können, möchte ich Ihnen im ersten Kapitel die mir wichtigsten Gedanken über das Wesen des Hundes näher bringen.

Grundlagen zum SUCHEN UND APPORTIEREN

Was Sie wissen sollten

ÜBER HUNDE

Über Hunde

Die besonderen Eigenschaften und Fähigkeiten eines Hundes ergeben sich aus der Notwendigkeit, in einer von Menschen geschaffenen Umgebung zu überleben.

In Abstimmung mit seiner Umwelt versucht jeder Vierbeiner, diesen Anforderungen immer bestmöglich gerecht zu werden. Das bedeutet insbesondere auch, dass er grundsätzlich bereit ist, mit Menschen in Kontakt zu treten – zu kommunizieren. Erkennt man also den Hund tatsächlich als einen sozialen Partner an, so wird man andere Ansprüche an sich und die Qualität seiner Beziehung zu diesem Wesen stellen.

RASSETYPISCHE AUSPRÄGUNGEN

Ein umfassendes Verständnis für Hunde kann sich nur ergeben, wenn man deren rassetypisches genetisches Potenzial erfasst. Dabei stellt sich die zentrale Frage: Welche Kriterien waren bei der Hundezucht ursprünglich ausschlaggebend?

Die erste durch den Menschen bewusst gesteuerte Verpaarung von Hunden fand sicher unter dem Gesichtspunkt der Brauchbarkeit statt. Dabei dürften damals nicht das Aussehen allein, sondern vielmehr das Wesen des Hundes und die sich daraus ergebenden Nutzungsmöglichkeiten den Ausschlag gegeben haben. Der Mensch brauchte Hunde für das Bewachen des Gehöfts, zum Hüten und Treiben der Herden und für die Jagd. Hatte ein Bauer einen guten Wachhund, der sich völlig loyal gegenüber der eigenen Familie verhielt und das Territorium nicht verließ, wurde dieser mit einem Hund mit den gleichen Eigenschaften verpaart. Bei Hunden, die zum Hüten eingesetzt wurden, war es wichtig, dass sie auf keinen Fall die Herde verließen, nicht zum Reißen der Tiere neigten und sich gut steuern ließen. Bei den jagdlich genutzten Hunden legte man Wert auf deren jagdliche Veranlagung. Jagdhunde mussten nicht Haus und Hof verteidigen, sondern Wild aufspüren, anhaltend hetzen, stellen und gegebenenfalls niederziehen. So erhielt man im Laufe der Zeit Hunde, die sich je nach Anforderung im Verhalten und Aussehen ähnelten. Diese Vorgehensweise bei der Verpaarung und Haltung von Hunden finden wir auch heute noch in einigen stark ländlich geprägten Regionen der Erde.

FRANZÖSISCHE BULLDOGE Eine Rasse, die auch Spaß am Suchen und Apportieren von Objekten hat.

Soziale Ordnung in der Hundewelt

Nähe suchen, sich abgrenzen, Ressourcen sichern, partizipieren lassen, drohen, beschwichtigen. Diese Mechanismen gestatten dem Hund, sich mit Artgenossen und artübergreifend mit dem Menschen als das zu empfinden, was er ist: ein Hund.

HUNDE SIND KEINE WÖLFE

Der Hund ist ein gruppendynamisches Tier, das in sozialen Gemeinschaften lebt. Er darf keinesfalls analog zu den Wölfen als ein Rudeltier verstanden werden. Der Hund lebt losgelöst von den relativ engen Strukturen, wie sie in einem Familienverbund von Wölfen gelebt werden. Er ist jedoch überaus gesellig und schließt sich gerne einem Sozialpartner an, wenn dieser die vom Hund gezeigten Befindlichkeiten entsprechend reflektiert. Ein Hund kommuniziert ähnlich dem Menschen durch seine Mimik, seine Gesten, seine Empfindungslaute und über sein Verhalten, das aus dem jeweiligen sozialen Kontext, in dem er lebt, ableitbar ist.

TSCHECHOSLOWAKISCHER WOLFHUND **Sein Ausdrucksverhalten zeigt viel wölfisches Erbe.**

HUNDE SIND BINDUNGSFLEXIBEL

Der Hund ist seiner Natur nach flexibel im Aufbau, aber auch im Abbruch von Beziehungen. Er kann von einer Gruppe in eine andere verbracht werden. Immer schafft er es, sich in kürzester Zeit einzugliedern. Er ist ein Meister der Eingliederung. Da er jedoch letztlich gar nicht anders kann, als sich immer wieder aufs Neue einzufügen und sich mit anderen abzugleichen, zwingt ihn das, seiner Art entsprechend, mit seinem Umfeld zu kommunizieren.

WOHLBEFINDEN STATT HERRSCHAFT

Ein Hund muss sich anlagebedingt in unterschiedlichste soziale Gruppen einordnen und dieser Prozess vollzieht sich innerhalb kürzester Zeit, ja oft innerhalb weniger Augenblicke. Nach meinen Beobachtungen erfolgt die Übermittlung von Informationen zu den verschiedenen „Gesprächsthemen“ indirekt als Übermittlung eines Gefühlszustandes (= Befindlichkeit).

Ein Beispiel

Arko (Hund eins) zeigt als Sender ein bestimmtes Verhaltensmuster, das seine Bedürfnisse, seine innere Gestimmtheit und seine Gefühle übermitteln soll. Dieses Gefühlsmus-

Info

DER HUND IST EIN GRUPPENDYNAMISCHES TIER

Der Prozess in einer Gruppe umfasst die Verteilung der Rollen, die Bestimmung der Ziele und Aufgaben, die Aufnahme neuer Mitglieder, den Umgang mit anderen Gruppenmitgliedern sowie mit Außenstehenden. Jedes aktive Handeln in der Gruppe gehört zum Prozess und ist dynamisch.

ter wird von Ferdi (Hund zwei) empfangen und tendenziell nachempfunden. Durch Kopplung an das dargestellte Gefühlsmuster von Arko wird bei Ferdi eine Empfindung ausgelöst, die dieser wiederum seinem eigenen Gefühl entsprechend reflektiert und dadurch eine Gefühlsveränderung in Arko bewirkt. Es kommt so lange zu einem wechselseitigen Austausch von Gefühlsmustern, bis das Thema zufriedenstellend abgeklärt ist oder einer der Beteiligten das kommunikative Interesse verliert. Dabei suchen die Hunde hauptsächlich emotionales Wohlbefinden und nicht Herrschaft über den anderen.

DIE VERANTWORTUNG DES MENSCHEN

Vor allem in der Beziehung zum Menschen, von dem der Hund abhängig ist, steht nicht Herrschen und Beherrschen-Wollen im Vordergrund. Viel wichtiger ist, dass der Mensch den Hund mit Nahrung versorgt, ihn vor Gefahren schützt und ihm Geborgenheit und liebevolle Nähe vermittelt. Des Weiteren benötigt der Hund in dieser Art Sozialverband einen Partner, der ihm über ein klares Regelwerk Orientierung und soziale Kompetenz vermittelt. Das gestattet ihm, in sozialen Gruppierungen erfolgreich zu agieren.

WOHLBEFINDEN Emotionales Wohlbefinden ist für einen Hund wichtiger, als sich in Dominanzgebärden zu verlieren.

DURCH BINÄRSPRACHE SOZIALKOMPETENZ VERMITTELN

Damit im gemeinsamen Alltag ein harmonisches und stressfreies Miteinander von Mensch und Hund realisiert werden kann, kommen wir nicht umhin, unseren Hunden neben unserer Fürsorge und Zuneigung ein klares Regelwerk anzubieten, das ihnen hilft, ihr Leben an unserer Seite zu führen. Dieses Regelwerk fußt auf dem simplen Ja-Nein-Prinzip:

1. Der Hund darf oder soll etwas tun (= Ja)
2. Der Hund darf etwas nicht tun bzw. soll etwas unterlassen (= Nein)

Diesem Grundprinzip habe ich die Bezeichnung *Binärsystem* gegeben. Eine ausführliche Beschreibung dieser bewährten Methode in all ihren Anwendungsfacetten finden Sie in meinem Buch „Grunderziehung für Welpen“. Die Binärsprache ermöglicht eine klare und eindeutige Kommunikation, die jeder Hund sofort verstehen kann.
Wenn ein Hund von seinen Sozialpartnern nicht zufriedenstellend reflektiert und geführt wird, verliert er seine innere Balance.

BALANCE IN DER GRUPPE

Damit eine Gruppe in sich und in ihr jedes einzelne Gruppenmitglied in Balance kommen kann, bedarf es der Verständigung zwischen allen Gruppenmitgliedern. Voraussetzung dafür ist wechselseitiges Verständnis für einander. Unsere Hunde zeichnet ein Streben nach prosozialer Einheit in der Gruppe aus. Sie unterliegen einem besonderen Mechanismus, der dazu führt, dass alle beteiligten Sozialpartner so lange einen kommunikativen Prozess führen, bis soziale Einigkeit hergestellt ist und sich alle mit allen in Balance befinden. Das wichtigste Element in diesem gruppendynamischen Prozess ist das „*Wechselseitige-Sich-Reflektieren*“. Wenn jeder Emotionen und Bedürfnisse des anderen erkennt und anerkennt, braucht es keine übersteigerten, unkontrolliert ablaufenden, aggressiven Interaktionen mehr. Es entsteht ein homöostatisches Modell. (System, hält sich in stabilem Zustand gegenüber der Umwelt).
Als Ergebnis tritt bei jedem Individuum innere Balance ein. Dadurch kommt es in der Gruppe zu einem Gleichgewicht, jeden einzelnen Interaktionspartner gleichermaßen betreffend.

ABGRENZUNG über Drohen ist fester Bestandteil hündischer Kommunikation.

WICHTIG Dominanzbeziehungen gehören mit zum sozialen Rahmen einer Gruppe.

PROSOZIALE AGGRESSION ALS REGULATIV

Das zentrale psychosoziale Regulativ beim Abgleich von Interessen ist prosoziale Aggression. Dies funktioniert nach dem Verhaltensschema „Drohung" und der entsprechenden Reaktion darauf. Beanspruchen beispielsweise zwei Hunde zeitgleich eine Beute, ein Territorium, einen Liegeplatz oder Ähnliches, wird dieser Interessenkonflikt üblicherweise durch Drohen, Imponieren und weitere dem gemäße Reaktionen kommuniziert und abgeklärt. Hunde versuchen, dabei möglichst wenig Schaden zu nehmen oder zu verursachen.

RITUALISIERTER INTERESSEN-ABGLEICH IST KEIN SPIEL

In der Kommunikation zwischen Hunden in einer Gruppe findet ein ritualisierter Abgleich von Interessen mit Bezug auf einen eventuell zukünftig eintretenden Ernstfall auf einer besonderen Ebene statt. Diese Ebene der Kommunikation definiere ich als Funktionskreis „*Gruppenorganisierende Verhaltensmuster*".

Wichtig

AUS DEM KONTEXT INTERPRETIEREN
Um das Kommunikationsverhalten von Hunden zu beurteilen, müssen die beobachteten Signale und Verhaltensmuster immer aus dem jeweiligen Kontext heraus interpretiert werden.

Hunde können sich nicht aussuchen, ob sie auf dieser Kommunikationsebene interagieren oder nicht. Das Erkennen und Anerkennen gezeigter Emotionen und Bedürfnisse sowie die Abstimmung des eigenen Verhaltens auf den anderen und die Akzeptanz des anderen in seiner Befindlichkeit, das sind die Parameter für die soziale Ordnung in der Welt unserer Hunde.
Wer „*Gruppenorganisierende Verhaltensmuster*" vom allgemeinen Spielbegriff loslöst und sie nicht mehr undifferenziert als Spiel bezeichnet, sondern als Funktionskreis begreift, wird erstaunt darüber sein, wie viel besser sich Hundesprache in ihrer Komplexität erfassen lässt.

SCHNUPPERN kann z. B. im Rahmen einer sozialen Interaktion als Konfliktverhalten gezeigt werden oder, wie hier, als Orientierungsverhalten, weil zuvor Enten am Ufer saßen.

WELPENSPIEL Dieses Quäntchen Ernsthaftigkeit im Blick der Welpen lässt den sensiblen Beobachter bereits erkennen, dass es sich hier nicht mehr um unbedarftes Welpenspiel handelt.

WAS IST SPIEL?

Der Begriff „Spiel" als Bezeichnung für soziale Interaktionen zwischen Hunden ist weder klar und eindeutig, geschweige denn allgemein verbindlich definiert. Es existieren eine ganze Menge Spieltheorien und Erklärungsmodelle für diverse Funktionen von Spielverhalten.

Daraus ergibt sich für den Laien eine fast unüberschaubare Vermischung von Funktionen: Spiel, das dem Spiel als Selbstzweck dient. Spielen, um sich im Partner zu reflektieren. Spielen, um Bewegungsmuster auszuprobieren und vieles mehr.

Es gibt jedoch eine Eigenschaft von „Spiel", die sich in allen Spielbegriffen findet. Die lautet: Damit „Spiel" stattfinden kann, braucht es einen entspannten Rahmen. Ein Bezug zum Ernstfall sollte nicht gegeben sein. Man kann „Spiel" noch so wissenschaftlich angehen und sezieren, es liegt immer im Auge des Betrachters, ob er sein Handeln und seine Interaktionen mit dem Hund als Spiel versteht.

Ich unterscheide beim Begriff „Spiel" grundlegend zwischen zwei Bedeutungen: Zum einen ist da Spiel, das als reiner Selbstzweck angesehen werden kann. Zu dieser Art von Spiel finden Sie Genaueres im Kapitel „Lass uns mal richtig spielen". Zum anderen sind da Interaktionsspielmuster innerhalb des Funktionskreises *„Gruppenorganisierende Verhaltensmuster"*, die unter anderem dazu dienen, mittels Signalen mit feststehender Symbolik (Bedeutung), Übereinkünfte zwischen den Kommunikationspartnern zu treffen.

Gruppenorganisierende Verhaltensmuster

Treffen Hunde aufeinander, kann es aufgrund ihrer Bindungsflexibilität zu „Gruppenorganisierenden Verhaltensmustern" kommen. Dieser Funktionskreis ist essenziell für die soziale Ordnung in der Hundewelt.

WELPEN BEGEGNEN SICH NOCH UNBEDARFT SPIELERISCH

Treffen Welpen aufeinander, laufen die Begegnungen noch relativ unkoordiniert und dem Zufallsprinzip folgend ab. Finden solche Begegnungen in einem sogenannten entspannten Feld statt, spricht man landläufig von Spiel.

Spätestens mit dem Zahnwechsel organisieren sich aufeinandertreffende Hunde, die eingezäuntes Gebiet oder fremdes Territorium betreten und dort verweilen, mehr oder minder zwangsweise, in lockeren sozialen Gruppen. Sie bilden Verbände und schließen Allianzen untereinander. Diese Bindungsflexibilität und Eingliederungsfähigkeit der Hunde wird durch „Gruppenbildende Verhaltensmuster" bedient. Die dabei gezeigten Verhaltensmuster werden von mir des besseren Verständnisses wegen geordnet. Im nachfolgenden Kasten finden Sie die hierarchische Anordnung dazu:

1. GRUPPENBILDENDES INTERAKTIONSMUSTER

Ein Beispiel: Mehrere Hunde befinden sich im Freilauf. Ein Rüde nähert sich einer Hündin, um an ihr zu schnuppern. Wenn beide Hunde jetzt andere Anwesende mit einbeziehen, also nicht nur Artgenossen, sondern auch Menschen – was durch das Aufnehmen von Blickkontakt zu einem oder mehreren der Anwesenden erkennbar ist – startet damit ein „Gruppenbildendes Interaktionsmuster".

Die Hündin reagiert auf die Distanzunterschreitung des Rüden, indem sie leicht den Kopf hebt und den Rüden mit einem drohenden Blick fixiert. Reagiert der Rüde darauf, wird die Hündin sich zurücknehmen. Ignoriert der Rüde dieses Signal, wird sie ihr Drohen eventuell noch kurz verstärken, indem sie leicht die Lefzen hochzieht und die Zähne zeigt. Wendet sich der Rüde jetzt ab, kann die Hündin sich wieder entspannen.

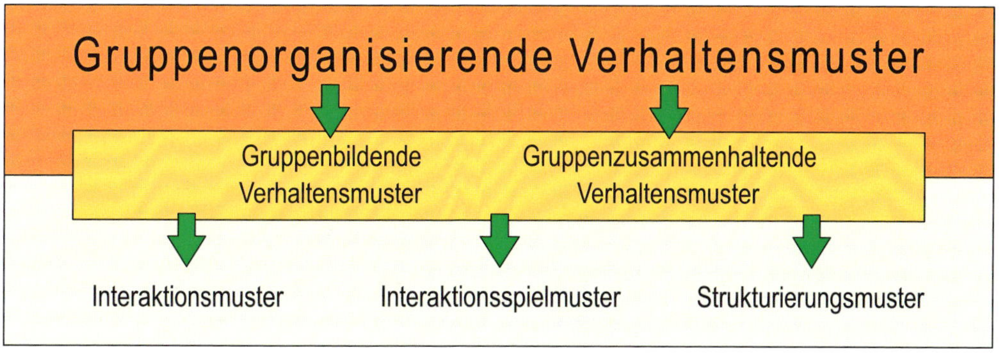

Verändert der Rüde sein Verhalten jedoch nicht, kommt es unweigerlich zu einer reglementierenden Attacke durch die Hündin, die so lange fortgesetzt und intensiviert wird, bis sich der Rüde zurücknimmt. Augenblicklich wird die Hündin daraufhin ihre Attacke einstellen. In beiden Fällen wird eine Übereinkunft getroffen, auf die jederzeit zurückgegriffen werden kann, solange sie nicht wegen sich verändernder Umstände neu verhandelt werden muss. Das in diesem Kommunikationsprozess gezeigte Verhalten ist zugleich auch als Botschaft an den Rest der Anwesenden zu sehen, denn damit erübrigt sich für den einen oder anderen aus der Gruppe ein eigener direkter Abgleich zum eben behandelten Thema.

INTERESSENABGLEICH IST KEIN SPIELVERHALTEN

Trifft ein Hund auf einen Artgenossen, wird er immer als erstes versuchen, ihn möglichst genau einzuschätzen. Wie steht der andere zu mir? Freundlich oder nicht? Kann ich mit ihm auskommen? Erkennt er meine Signale an? Nimmt er sich zurück, wenn ich verunsichert bin? Zeige ich ihm, dass ich mich zurücknehme, wenn er sich verunsichert fühlt? Respektiert er meine Position? Kann ich ihn in seiner Position respektieren? Lässt er mich partizipieren, lasse ich ihn teilhaben an vorhandenen Ressourcen? Können wir miteinander auskommen oder gehen wir uns besser aus dem Weg? Hier ist es für die meisten Hundehalter klar ersichtlich, dass die Hunde sich abgleichen und antagonistisches Verhalten (konkurrierendes Verhalten mit zeitgleicher Bereitschaft zur Kooperation) zeigen. Findet das jedoch nicht während einer zufälligen Begegnung auf dem Spazierweg, sondern auf der Hundewiese und in einer Gruppe statt, wird es von den meisten Menschen leider als Spielverhalten (ohne tieferen Bedeutungsinhalt) wahrgenommen, anstatt es als *„Gruppenbildendes Interaktionsmuster"* zu erkennen, was es eigentlich ist. Es versuchen hier die Individuen, sich gegenseitig einzuordnen und sie kommunizieren das über ein „So-Tun-als-ob" in Gestalt ritualisierter Verhaltensmuster mit Symbolcharakter, die auch in die Zukunft verweisen können.
Innerhalb der *„Gruppenbildenden Verhaltensmuster"* gibt es fest definierte Formen von Interaktionsmustern, ich nenne sie Interaktionsspielmuster, die jeweils als Verweis auf ein anderes Ereignis, eine Handlung oder als

GRUPPENORGANISIERENDE VERHALTENSMUSTER beinhalten individuelles Respekt-Einfordern

... Interesse bekunden und entsprechend die Unsicherheit des Anderen reflektieren ...

Wichtig

Ein Symbol ist ein Signal, das mit einem Bedeutungsinhalt verknüpft ist. Es beinhaltet alle damit in Zusammenhang gebrachten Erinnerungen und Erfahrungen.

generalisierter Anspruch gegenüber den übrigen Mitgliedern der Gruppe fungieren. Es sind dies symbolhafte Handlungsabläufe, über die der Hund dem Sozialpartner Mitteilungen über komplexe Zusammenhänge machen kann. Dabei wird der symbolische Inhalt einer Aktion durch Hinzunahme von Objekten, welche der Hund mit seinem Maul aufnehmen kann, verstärkt.
Hunde können die Bedeutung von Symbolen erkennen und zuordnen und sie bedienen sich verschiedener Signale mit Symbolcharakter, die bereits arttypisch in ihrem Verhaltensrepertoire vorhanden sind.
Wir Menschen können uns das zunutze machen, indem wir solche Signale bewusst zum Einsatz bringen. Wichtig ist dabei, dass die Symbole eindeutig kommuniziert werden und wir den Symbolwert der Signale nicht auflösen.

... sensibles gegenseitiges Sich-Annähern und rechtzeitiges Zurücknehmen ...

2. GRUPPENBILDENDES INTERAKTIONSSPIELMUSTER

Die Drohungen der Hündin und das Sich-Zurücknehmen des Rüden aus dem vorhergehenden Beispiel haben insgesamt bewirkt, dass beide von der wechselseitigen Möglichkeit der Beeinflussung wissen und auf den Bedeutungsinhalt der gezeigten Signale vertrauen können. Jeder fühlt sich vom anderen verstanden und weil keiner der anderen Hunde sich aktiv in den Abgleich mit eingebracht hat, können die beiden davon ausgehen, dass ihr Verhalten allgemeine Akzeptanz fand.
Das eröffnet ihnen die Möglichkeit, in einem *Gruppenbildenden Interaktionsspielmuster*, das als generelle Information an die Gruppe weitergegeben werden kann, weitere soziale Aspekte ritualisiert abzuklären. Beispielsweise kann das Überlassen von Beute nun auch unter Zuhilfenahme von Objekten und unter Einbringung eigener Ideen aller Individuen geklärt werden. Bei gleichbleibenden Rahmenbedingungen bleibt die Übereinkunft für die beteiligten Hunde bestehen. Die Hunde erachten sie als gültig und werden darauf zurückgreifen. Ich möchte ausdrücklich darauf hinweisen, dass der Mensch in dieses Kommunikationsmuster mit einbezogen wird und

... Imponierkauen mit der symbolischen Information „Bitte Abstand halten!"

INSTINKTIVE MORAL Ein entsprechend veranlagter Hund steht auch Hunden, die er nicht kennt, beschützend zur Seite.

dies vom ihm sogar bewusst initiiert werden kann. Die meisten Hundehalter haben jedoch keinerlei Kenntnisse über solche Interaktionsspielmuster. Interaktionsspielmuster werden auch oft mit Übersprungshandlungen verwechselt oder der sogenannten Grauzone innerhalb von Spielverhalten zugeordnet.

3. GRUPPENBILDENDES STRUKTURIERUNGSMUSTER

Fehlverhalten einzelner wird seitens dazu veranlagter Artgenossen im Rahmen eines „instinktiven Wertesystems“ durch Strukturierungsmuster reglementiert. Diese Strukturierungsmuster werden nach meinem Erkenntnisstand entsprechend der Rasse und Individualität des Hundes gezeigt. Oberflächlich betrachtet wirkt es wie ein *Gruppenbildendes Interaktionsspielmuster*. Es unterscheidet sich jedoch von diesem, da es sich auf die ganze Gruppe bezieht.

Ein Beispiel

Die Hunde einer Hundegruppe befinden sich im Freilauf. Anfangs herrscht ein heilloses Durcheinander. Ein Hund, mit der angeborenen Tendenz zu strukturieren, bemüht sich, Ordnung in die Gruppe zu bringen. Dazu nähert er sich jedem einzelnen Individuum, das an der „Unordnung“ innerhalb einer Gruppe beteiligt ist und fordert von diesem ein kurzes Stehenbleiben und Beschwichtigen ein. Das setzt er so lange fort, bis ein entspanntes Miteinander unter den Hunden stattfindet und Ordnung erkennbar wird. Dabei behält er den Rest der Gruppe immer im Auge.

INSTINKTIVE MORAL

Hunde unterliegen einem instinktiven Gefühl für „richtig“ oder „falsch“. Diese instinktive „Moral“ zeigt sich unter anderem auch darin, dass sich ein Hund in den Dialog zweier anderer Hunde „einmischt“, um denjenigen Hund, der sich nicht angemessen verhält, „zur Ordnung“ zu rufen. Das lässt darauf schließen, dass der einzelne Hund nicht nur individuelle Bedürfnisse und Interessen kommuniziert, sondern gleichzeitig auch ein Bewusstsein für das Gruppeninteresse hat und sich aktiv daran beteiligt. Das dient dazu, Balance im sozialen Gefüge einer Gruppe herzustellen und zu bewahren.

Mensch und Hund in verschiedenen Realitäten

Es gibt einige grundlegende Unterschiede in der Wahrnehmung und Interpretation von Realität bei Mensch und Hund. Ein wesentlicher Unterschied liegt darin, dass der Mensch seine Wahrnehmung und Erfahrung in Worte fassen kann.

Diese Wortkonstrukte lösen daraufhin Bilder, Gedanken und Gefühle aus, die er dann wiederum durch Worte zu übermitteln versucht. Bei Hunden werden zwar durch Worte ebenfalls Bilder erzeugt, wir können aber davon ausgehen, dass die meisten Hunde Worte lediglich als Laute wahrnehmen und hauptsächlich situativ zuordnen. Wenn wir an einer gelungenen Kommunikation zwischen Mensch und Hund interessiert sind, sollten wir darauf achten, uns dem Hund auf möglichst einfache Weise verständlich zu machen. Dazu müssen wir von dem, was wir übermitteln wollen glaubwürdig überzeugt sein und am besten auf Worte gänzlich verzichten.

SEIEN SIE ÜBERZEUGEND

Ihr Gesamtsignal kommuniziert nur dann einen klar definierten Bedeutungsinhalt, wenn Sie von dem, was Sie ausdrücken wollen, absolut überzeugt sind. Dies gilt für angenehme Botschaften wie Zuwendung oder fröhliches Toben gleichermaßen wie für „Negativ-Kommentare", die dem Hund deutlich machen sollen, dass er gerade soziales Fehlverhalten zeigt. Der erste und alles entscheidende Schritt für gelingende Kommunikation ist daher: Werden Sie sich zunächst einmal klar darüber, was Sie dem Hund vermitteln wollen und dann vermittlen Sie ihm genau das und

KLARES GESAMTSIGNAL **Der Hund hat den Bedeutungsinhalt des nonverbalen Körpersignals verstanden: In die Hocke gehen und Arme ausbreiten heißt: Hinsausen, es gibt Leckerlis.**

nichts anderes. Tun Sie dies nonverbal und mit jeder Faser Ihres Körpers. Sie werden sehen, es klappt dann nahezu augenblicklich, dass Ihr Hund Sie richtig versteht.
Wenn ich darüber nachdenke, wie ich einen Bedeutungsinhalt ohne Worte optimal „formuliere", erkenne ich ganz schnell, ob der Inhalt auf diesem Weg kommuniziert werden kann oder ob dieser Inhalt zu komplex ist. Außerdem verliere ich so nie aus den Augen, dass Hunde nicht spracheinsichtig sind und dass das Ausweichen auf für den Hund leere Worthülsen rein gar nichts mit Kommunikation zu tun hat. Anstatt nach Worten zu suchen, denke ich darüber nach, welche Aktionen dem, was ich zu übermitteln versuche, am nächsten kommen.

EIN HUND IST KEIN THEORETIKER

Ein Hund analysiert Situationen nicht in der Komplexität, wie dies der Mensch tut. Er kann die vielen Wechselwirkungen verschiedener Einflussfaktoren, die in einer Situation wirken, nicht in ihrer Vielschichtigkeit erkennen. Er stellt nicht in Frage, ob sein Verhalten, das er gemäß seiner Empfindung zeigt, in einer bestimmten Situation richtig oder angemessen ist oder war.
Der Hund empfindet sich in einer Situation und reagiert aus der Empfindung dieser Situation heraus. Direkt und unverzüglich. Er trifft jede Entscheidung in dem Moment, in dem er mit der speziellen Problemstellung konfrontiert ist, wie zum Beispiel bei der Begegnung mit seinem „Erzfeind".
Der Mensch hingegen kann vorausschauend handeln, und so zu erwartende Probleme in seinem Tun berücksichtigen. Bemerkt er beispielsweise noch bevor dies sein Hund tut, dass sich dessen „Erzfeind" nähert, kann er durch rechtzeitiges Anleinen, durch Umkehren oder Meiden des Kontaktes das Problem umgehen oder das Verhalten des Hundes durch Erweiterung dessen sozialer Interaktionsfähigkeiten in andere Bahnen lenken.

ERST DENKEN – DANN REAGIEREN

Zu erwartende Konflikte lassen sich entschärfen, wenn wir die Reaktionsmöglichkeiten des Hundes erweitern und modifizieren. Der Hund soll nicht nur in einem antrainierten Rahmen Kommandos befolgen, sondern verstärkt im dynamischen Prozess sozialer Interaktionen sein Handeln auf das soziale Miteinander ausrichten.
Wenn wir dabei die Gewichtung auf kommunikativen Signalfluss und gegenseitiges Reflektieren legen, erzeugen wir zudem im Hund ein Sich-selbst-Reflektieren in der Situation, in welcher er sich gerade befindet.
Auf diese Weise erliegt der Hund nicht mehr so stark den Reizen seines Umfeldes. Zudem lässt der Hund sich dadurch leichter auf erwünschtes Verhalten umlenken. Das kann sehr gut über diverse Aufgabenstellungen im Bereich Suchen und Apportieren bewerkstelligt werden.

NONVERBALE SYMBOLIK wie bei Bleib 3 gibt dem Hund ein nachvollziehbares Zeitfenster für das Warten vor.

HÜNDISCH
Gesten statt Worte

NONVERBALES INTERAKTIONSMUSTER unter Hunden durch Zuhilfenahme von Ersatzbeute (Stock) als Symbol für allgemeine Ressourcen.

Diese wortlose Verständigungsebene wird oft durch unbedarftes Beutespiel modifiziert (Werfen und Zerren). Dies geht bis zur Unfähigkeit des Hundes, sich weiterhin auf hündische Weise zu artikulieren.

Lass uns mal richtig SPIELEN

Gedanken zu Spiel mit und ohne Objekte

Bevor ich Ihnen jetzt meinen Weg zeige, auf dem Sie mit Ihrem Hund gemeinsam Spaß und Spannung bei abwechslungsreichen Übungen zum „Suchen und Apportieren" erleben können, möchte ich Ihnen Gedankenanstöße zum Spielen geben.

Ein „Spielen mit dem Hund" habe ich im Praxisteil als Aufgabenbereich bewusst ausgeklammert, da es für mich keine schlüssigen Bedienungsanleitungen dafür gibt. Richtig ausgeführt können Sie „Spiel" immer mit dazunehmen, beispielsweise als Belohnung nach einer toll gemeisterten Aufgabe, um den Hund zwischen Übungen aufzulockern, oder als Zeitvertreib, eben „just for fun".

SPIELEN – JUST FOR FUN

Spielen um des Spielens willen

Meine Sichtweise des Hundes und mein Verständnis vom „Spielen der Hunde" haben Sie im vorangegangenen Kapitel erfahren. Im Folgenden möchte ich Ihnen meine Gedanken über ein Spielen des Menschen mit Hunden näherbringen. Danach können Sie entscheiden, wie Sie mit Ihrem Hund spielen möchten. Für mich hat „Spiel" zum einen die Funktion einer Belohnung, zum anderen gemeinsam Spaß zu haben. Warum nun macht Spiel „just for fun" überhaupt Sinn?

Spielen erzeugt Nähe

Spielen mit dem Hund erzeugt vertraute Nähe und festigt die Bindung. Es hilft dabei, dass sich die Spielpartner immer besser kennen und vertrauen lernen. Anspannungen lösen sich und dieses Loslassen kann dann ins Alltagsgeschehen mitgenommen werden. Wenn man sich über den Partner „ausprobieren" darf, wächst die Selbstsicherheit und das Selbstvertrauen wird gestärkt. Wenn wir uns mit unserem ganzen Wesen authentisch auf das Spiel mit dem Hund einlassen, senden wir in sich stimmige Gesamtsignale, die sich aus den fünf Faktoren innere Gestimmtheit, Geruch, Gestik, Mimik und stimmliche Modulation zusammensetzen. Dadurch bewirken wir einen unmittelbaren Kommunikationsfluss auf der Empfindungsebene. Das wirkt sich nachhaltig auf die Kommunikationsbereitschaft der Hunde aus.

Spiel als Selbstzweck – die reinste Form des Spiels

Spielen, um zu spielen und ausschließlich um zu spielen, lässt uns eintauchen in ein Spiel, das ich gerne als *Spiel in seiner reinsten Form* bezeichne. Es erzeugt in den Spielpartnern ein beglückendes Wir-Gefühl.
Nicht ich spiele mit dir oder du mit mir, es ist nicht dein oder mein Spiel, das da stattfindet,

Info

FREIES SPIEL

Die Suche nach dem freien Spiel gleicht oft einer Suche nach Erleuchtung. Wir suchen sie und bemerken dabei nicht, dass sie bereits in uns vorhanden ist. Ich bin Spiel und lasse mich treiben im Geschehen mit dir. Ich lasse zu, dass es geschieht. Es spielt uns, so wie der Wind mit den Blättern spielt. Es geschieht, solange es nicht behindert wird.

sondern wir werden gespielt vom Zufall, dessen Regelwerk dem Chaosprinzip folgt. Unvorhersehbarer Reigen aus Gefühlsübermittlungen. Freude und Vergnügen pur. Ohne Hintergedanken an Trainingsziele. Denn spielerisches Lernen ist etwas grundlegend anderes als reinstes Spiel. Beim Aufflackern der kleinsten Ernsthaftigkeit verliert das Spiel seinen Zauber und das eigene Ego rückt in den Vordergrund und überschattet den Rahmen des unbedarften Miteinanders.

SCHMUSEN schafft eine andere Nähe als Bälle werfen.

Körperliches Spiel als Basis

Das Spiel mit dem Hund ohne Verwendung von Objekten ist die Basis für jede Form von Spiel. Es kann viele Elemente beinhalten. Miteinander ringen, den anderen abdrängen, übereinanderkullern, sich sanft und spielerisch knuffen, nach den Pfoten schnappen, das Hinterteil präsentieren, den Partner auf den Rücken rollen, sich imponierend auf den Rücken legen und die Scheinangriffe abwehren, so wie dies vor allem Welpen im Selbsterfahrungsspiel mit gleichaltrigen Artgenossen zeigen. Hier kann man sich alles von den Welpen abschauen. Der richtige Zeitpunkt folgt

KÖRPERLICHES SPIEL Aus einer Spontaneität heraus liegt der Fokus auf der Übermittlung von Zuneigung und im Genießen von gegenseitigem Berühren.

EMPFINDUNGSSPIEL, wie man es hier zwischen Michl und „Wolle" sieht, entsteht aus dem Augenblick heraus und bewegt sich im Rahmen einer vertrauten Eigendynamik.

dem Zufall und der Intuition der Spielpartner. Einer spielt das Beutetier, es flieht, stellt sich, schlägt zurück. Und jetzt ist der andere dran! Spiel lässt uns freie Hand für schnellen, fast nicht vorhersehbaren Rollenwechsel.

Hunde sind die besseren Animateure

Es fällt Hunden leichter, Menschen in echte Spiellaune zu versetzen als umgekehrt. Hunde verschwenden dabei keinen Gedanken daran, ob ihre Spielaufforderung auch als solche bei uns ankommen wird. Sie gehen davon aus, dass das, was sie gerade zeigen, auch Entsprechendes bewirkt. Hunde offenbaren sich im Hier und Jetzt. Spontaneität bestimmt ihr Handeln. Wir spielen jedoch meist nicht aus einer Spontaneität heraus mit unseren Hunden, sondern wenn wir ein Zeitfenster zur Verfügung haben. Ist es dann so weit, findet der Spielablauf fast immer unter Verwendung von Gegenständen statt. Bälle oder Stöckchen werfen ist die am häufigsten praktizierte Form. Man wirft, der Hund saust hinterher, und schon befindet man sich vermeintlich im Spiel.

Bewegungsreizen erliegen ist aber kein Spiel. Das Werfen von Gegenständen provoziert eine intensive Reaktion des Hundes. Dass der Hund gar nicht anders kann, als zu reagieren, wird oft nicht bedacht. Der Mensch sieht nur einen Hund, der offensichtlich sofort und gerne auf das angebotene „Spiel" einsteigt. Würde sich hier eine Maus oder eine Katze wegbewegen, würde der Hund sie mit derselben Intensität verfolgen. Keiner würde dann noch behaupten, dass der Hund spielt.

Info

EMPFINDUNGSSPIEL

Das Empfindungsspiel kann mit dem Erwidern von Blicken beginnen, gefolgt von einem Sich-Wegdrehen, Auf-den-Rücken-legen, Sich-Rollen und dabei gähnend Sich-Entspannen. Atemgeräusche dringen durch die Stille, werden lauter, gehen in ein Seufzen über, gefolgt von Quietschgeräuschen. Wichtig ist dabei, dass man nicht den Hund zu einer bestimmen Reaktion animieren will, sondern einfach die eigenen Möglichkeiten, sich als Wesen in seinem Körper zu empfinden ausschöpft. In sich selbst hineinhören und dann im zufälligen Fluss auf den Hund treffen. Die sich dabei entwickelnde Eigendynamik besteht oft nur für kurze Augenblicke. Meistens denkt man dann schon wieder an einen kontrollierten Ablauf des Geschehens und diese kosmische Reise ist vorbei. Nicht verzagen, es wird sich aus der Stimmung heraus ein nächstes Mal ergeben.

TAUSCHEN ist oft das bessere Konfliktmanagement im Bereich des Beutesicherns.

Deshalb ist es so wichtig zu verstehen: Einem Bewegungsreiz zu erliegen ist nicht Spiel. Es ist zunächst simple Reizbeantwortung. Es kann sich aber situativ daraus ein Spiel entwickeln, wenn sich die Beteiligten darauf einlassen und die Spielkriterien (siehe Seite 25) erfüllt sind.

Spiel oder nicht Spiel – das ist hier die Frage

Wenn wir mithilfe von Objekten mit unseren Hunden spielen, sollten wir uns kritisch hinterfragen, ob es sich dabei wirklich noch um eine Form von unbedarftem, also reinem Spiel handelt. Objekte erzeugen schnell Neid und es mischt sich nicht selten ein Quäntchen Ernsthaftigkeit ins Spielgeschehen. Der Übergang zu ernsthaftem Konkurrieren ist oft fließend. Bereits im Moment des Werfens wird bei manchen Hunden konkurrierendes Verhalten ausgelöst. Ich will schneller an der Beute sein als du. Wer als erster dran ist, dem gehört sie, der hat gewonnen. Trägt der Hund die Beute dann zurück zum Werfer, ist dies oftmals eher ein Imponiertragen und provozierendes Umrunden des „Verlierers dieses Wettkampfs". Das gezeigte Imponiertragen ist nicht mehr Spiel ohne Bedeutungsinhalt, sondern echtes in Besitz nehmen, das offenbar unsere Akzeptanz findet, wenn wir nicht entsprechend darauf reagieren, zum Beispiel durch Tauschen.

In einem solchen „Spiel" werden aus der Perspektive des Hundes vermeintlich Übereinkünfte getroffen, die er als gültig und für die Zukunft verbindlich abspeichert, und dies kann die Verhaltensweisen Ihres Hundes in späteren ähnlichen Situation nachhaltig prägen.

Ähnliches gilt auch für das deutlich fordernde Verhalten, das sich auf einer Befehlsebene bewegt, wenn der Hund den Werfer drängend und unmutig verbellt, damit dieser endlich wieder den Gegenstand wirft. Solches Verhalten hat den Rahmen von spielerischen Aktionen bereits gesprengt. Hier erfährt sich der Hund in einer Position, die ihm vermittelt, dass er sich in dieser fordernden Weise gegenüber seinem Menschen verhalten darf. Die Gefahr ist groß, dass er ein solches Verhalten dann auch in anderen Bereichen und gegenüber Fremden zeigt.

Zerrspiele nur unter Vorbehalt

Auch Zerrspiele mit dem Hund sind nicht unproblematisch. Das scheinbar spielerische Rangeln um Objekte kann manchen Hund auf die Idee bringen, dass er den Gegner (Spielpartner) im Ernstfall infrage stellen kann. Oder der Hund denkt, der Mensch bietet ihm dieses Verhalten an, weil er einen Klärungsbedarf bezüglich der Überlassung oder Verteilung von Ressourcen und Territorien sieht. Überlegen Sie sich gut, ob Sie sich auf diese „Gesprächsebene" mit Ihrem Hund einlassen möchten, denn Objekte dienen in der Kommunikation von Hunden als symbolische Stellvertreter für spezifische Bereiche.

BALLJUNKIES Sich bewegende Beute bereitet dem Hund einen sehr hohen Lustgewinn. Liegt sein Fokus sehr stark auf dem geworfenen Objekt, wird der Hundebesitzer schnell austauschbar.

Balljunkie – Nein Danke!

Ein weiterer Negativaspekt, der sich im „Spiel" mit geworfenen Objekten zeigt, ist, dass es dem Hund eigentlich egal ist, wer den Gegenstand wirft. Sie als Mensch und Partner des Hundes spielen da schnell keine Rolle mehr. Ein echter Balljunkie rennt dem Ball nach und vergisst dabei den Menschen vollkommen. Durch das sich monoton wiederholende Werfen von Bällen oder Stöcken entwickelt sich beim Hund eine Art Tunnelblick. Kommunikative Aspekte gehen während der stereotypen Beantwortung des sich bietenden Reizes immer mehr verloren. Und auch im Gehirn werden mangels Variabilität bei der Verarbeitung der Reize keine neuen Synapsen verschaltet. Das macht unsere Hunde weder intelligenter noch wird bei dieser Form von Beschäftigung ihr Potenzial ausgeschöpft.

Ein objektfixierter Hund wird dann auch noch zum Problem, wenn Kinder in seinem Beisein keine Bewegungsspiele mehr machen können, ohne dass der Hund sofort „anspringt" und sich störend oder bedrängend mit einbringt. Es liegt also in Ihrer Hand, welche „Geister" (Verhaltensweisen) Sie im vermeintlichen Spiel mit Ihrem Hund „wecken".

OBJEKTSPIEL Aus dem Gerangel um Beute kann ganz schnell echtes Ressourcensichern entstehen.

Hunde benötigen sinnvolle Beschäftigung

Hunde haben Anspruch auf sinnvolle Beschäftigung. Ausschließliches Spielen mit ihnen garantiert nicht ihr seelisches Gleichgewicht und wird auch ihrem Potenzial nicht gerecht.

In den Übungen, die ich in diesem Buch beschreibe, stehen drei Aspekte wechselnd im Vordergrund. Zum besseren Verständnis wurden sie in drei verschiedene Übungskategorien eingeteilt:

1. Spielerische Aufgaben für den spannenden Alltag,

2. Aufgaben für die Kontrollierbarkeit des Hundes,

3. Aufgaben zum Umlenken und Ausleben der Talente des Hundes.

Zur einfacheren Orientierung habe ich jeder Kategorie ein spezielles Symbol zugeordnet. Die einzelnen Kategorien sind nicht starr voneinander abzugrenzen, vielmehr greifen sie fließend ineinander. So kann zum Beispiel eine spielerische Aufgabe im Alltag gleichzeitig den Aspekt der Aufgabe zur Kontrollierbarkeit des Hundes beinhalten und mit einem sanften Spiel enden.
Die jeweils passenden Symbole finden Sie bei der jeweiligen Übungsanleitung.
Bitte achten Sie bei Ihrer Übungsauswahl darauf, dass die Gewichtung der einzelnen Aspekte in dieser Übung dem Erziehungsstand Ihres Hundes, seiner sozialen Kompetenz und eventueller Problemstellungen angepasst ist und dass nicht immer nur ein Aspekt, sondern eine ausgewogene Aufteilung aller vorkommt.

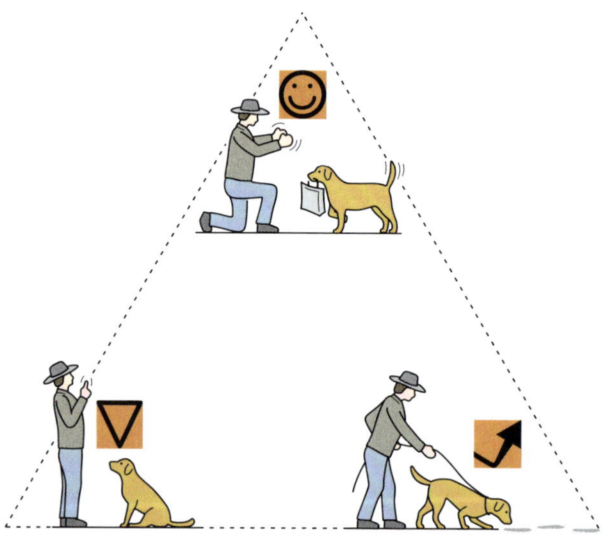

FICHTMEIERS ÜBUNGSKATEGORIEN **Jede Kategorie hat ein einfaches, gut erkennbares Symbol. Das erleichtert die Zuordnung bei den Übungen.**

FICHTLMEIERS ÜBUNGSKATEGORIEN

Spielerische Aufgaben für den spannenden Alltag

Es geht bei den spielerischen Aufgabenstellungen um Auslastung und kommunikativen Abgleich. Der Hund wird nicht nur zu festgelegten Zeiten beschäftigt, damit er für den Rest des Tages nicht stört, sondern er wird aktiv ins Tagesgeschehen integriert, indem man spannende Aufgaben stellt, die sich unvorhersehbar für ihn aus der Situation ergeben. Die spielerische Auslastung des Hundes findet dabei ohne Leistungsanspruch statt. Hier versuchen wir, dem Bedürfnis des Hundes nach Kommunikation gerecht zu werden.

Aufgaben für die Kontrollierbarkeit des Hundes

Die Aufgaben dieser Kategorie dienen dazu, die Kontrollierbarkeit des Hundes zu bisher getroffenen Übereinkünften unter einschätzbaren Bedingungen zu überprüfen. Über die Aufgabenstellungen werden neue Übereinkünfte getroffen und Elemente der Binärsprache finden Verwendung.

Aufgaben zum Umlenken und Ausleben der Talente des Hundes

Aufgaben dieser Kategorie dienen prinzipiell dazu, die eher schwach vorhandene Fähigkeit des Hundes, von Instinkthandlungen zu lassen, zu verbessern. Der Hund lernt, sich nur auf die von uns gestellte Aufgabe zu konzentrieren und andere Reize weitestgehend zu ignorieren. Aus dem instinktgesteuerten Verfolgen von Wildspuren wird ein konzentriertes Suchen von Menschenspuren oder Dummys. Aus unkontrolliertem Verbellen von Fremdpersonen wird freudiges kommunikatives Anzeigen.

Alle im Praxisteil aufgeführten Übungen bieten immer auch die Möglichkeit, Signale und Stimmungen abzugleichen und bewirken dadurch ein harmonischeres Zusammenspiel.

Wichtig

ES GEHT IMMER ERST UM KOMMUNIKATION
Für alle Aufgaben gilt: Es geht nicht um die fehlerfreie, stereotype Ausführung eines Befehls, sondern um das Verständlich-Machen einer Aufgabenstellung. Es geht also um Kommunikation. In jeder Übung sollte ein kommunikativer Abgleich zwischen Mensch und Hund stattfinden. Dabei wächst der Signalvorrat sowie die Zuverlässigkeit und Bedeutung jeder erfolgreich absolvierten Kommunikation.

SPANNENDER ALLTAG Hunde lieben es, wenn sich ihr Tagesablauf spannend gestaltet.

TALENTE Hunden sollte die Möglichkeit gegeben werden, ihre Talente auszuleben.

Kleiner Erziehungs-

CRASHKURS

Freudiges und reflexartiges Herankommen

Für alle Apportier- und Suchaufgaben ist entscheidend, dass der Hund sich auf Sie einstellt und Sie aufmerksam beobachtet. Er soll sofort freudig und gerne zu Ihnen kommmen, wenn Sie ihn verbal oder über Gesten rufen. Außerdem soll er so lange Kontakt halten, bis Sie ihn wieder freigeben.

AUFMERKSAMKEITS- UND KÖRPERSIGNALE ETABLIEREN

Ist Ihr Hund in Ihrer Nähe, motivieren Sie ihn mit einem Aufmerksamkeitssignal, wie zum Beispiel mit Zungenschnalzen oder mit dem Fichtlmeierschen „Honululu", Sie anzusehen. Vergrößern Sie nun kontinuierlich die Distanz, aus der Sie die Blickkontaktaufnahme mittels Ihres Aufmerksamkeitssignals erregen. Klappt das, gehen Sie jetzt, im Moment des Blickkontakts, zusätzlich noch in die Hocke. Auf diese Weise kann der Hund das Lautsignal mit dem Körpersignal „In-die-Hocke-Gehen" in Zusammenhang bringen. Bereits nach wenigen Wiederholungen wird er auf diese beiden Signale gleichermaßen reagieren und freudig zu Ihnen laufen. Sein Verhalten belohnen Sie jedes Mal mit ausgeprägter Freude, Futter oder sanften Berührungen. Das Zungeschnalzen, der mit freundlicher und hoher Stimme „geflötete" Honululu-Ruf und das „In-die Hocke-Gehen", sobald der Hund Ihnen den Blick zuwendet, werden so zu eindeutigen Signalen für das Herankommen.

DAS HERANKOMMEN FESTIGEN

Um das Herankommen zu festigen, versuchen Sie nun, den Hund in den unterschiedlichsten Situationen auf sich aufmerksam zu machen, auch wenn sein Interesse gerade durch etwas anderes von Ihnen abgelenkt ist. Motivieren Sie ihn abwechselnd über Schnalzen, „Honululu" und/oder „In-die-Hocke-Gehen" zu Ihnen zu kommen, und belohnen Sie ihn dafür immer mit Ihrer positiven Gestimmtheit, mit Streicheleinheiten, mit gemeinsamem Toben oder mit Leckerlis/Futter. Sie werden sehen, innerhalb kürzester Zeit wird er ohne zu zögern in dem Moment auf Sie zulaufen, in dem Sie ihn über ein Laut- oder ein Körpersignal zum Herankommen motivieren.

HERANKOMMEN Kleinmachen, in die Hocke gehen und freudig mit den Armen winken.

STUMM HERANRUFEN Nimmt der Hund zufällig Blickkontakt auf, schnell in die Hocke gehen und schauen ob das „stumme" Heranrufen klappt.

DAS KONTAKTHALTEN FÖRDERN

Hat Ihr Hund Vertrauen und Interesse an Ihren Handlungen, wird er auch ohne spezifische Aufforderung ihrerseits immer wieder nach Ihnen sehen. Das können Sie verstärken, indem Sie das „In-die-Hocke-Gehen" immer dann als Signal fürs Herankommen nutzen, wenn der Hund zufällig in Ihre Richtung schaut. So können Sie ihn „stumm" heranrufen. Durch den Verzicht auf Laute bewirken Sie, dass der Hund stärker auf Ihre Gesten und Körpersignale achtet.

Wichtig

„BLEIB AN MEINER SEITE" – EINE UNVERZICHTBARE ÜBEREINKUNFT
Ein Hund, der sich an seinem Menschen orientiert und sich für diesen interessiert, hält Kontakt und ist damit führ- und lenkbar. Das freiwillige Kontakthalten des Hundes im Alltag ist die Grundlage für jegliche weitere Ausbildung.

KEINEN UNGEHORSAM AKZEPTIEREN

Kleine oder größere Ungehorsamkeiten und Unaufmerksamkeiten, die sich am ehesten während der Pubertät einschleichen, legen sich im Laufe der Zeit nie von selbst. Im Gegenteil! Arbeiten Sie daher ständig an einem sicheren Ab- und Heranrufen. Dazu bieten sich gerade im Alltag viele Gelegenheiten, zum Beispiel in Situationen, in denen Ihr Hund frei laufend auf einen Artgenossen trifft.

So können Sie das freudige Herankommen üben

Üben Sie das freudige Herankommen zunächst in einem ruhigen Umfeld mit nicht allzu viel Ablenkung. Wenn dies sicher klappt, steigern Sie mit der Zeit den Schwierigkeitsgrad. So ist die Wahrscheinlichkeit sehr hoch, dass es gut funktionieren wird. So gehts:

Wenn Ihr Hund schaut, gehen Sie sofort in die Hocke und breiten die Arme aus. Ihre Mimik ist freudig, die Körpergeste einladend und motivierend, das in überschwänglich hohen Tönen gerufene „Honululu" unterstützt zusätzlich die einladende Gestik.

Wenn Ihr Hund mit etwas beschäftigt ist, rufen Sie mit hohen überschwänglichen Lauten „Honululu". In dem Augenblick, in dem er schaut, gehen Sie mit ausgebreiteten Armen und freudiger Mimik in die Hocke.

Wenn Ihr Hund auf Ihr Aufmerksamkeitssignal nicht reagiert, erregen Sie durch stärkere Signale, wie zum Beispiel Umherhüpfen und dabei In-die-Hände-klatschen, seine Aufmerksamkeit. Sobald er zu Ihnen schaut, folgt wieder der übliche Signalablauf: In-die-Hocke-Gehen, Arme ausbreiten, „Honululu" rufen und sich freuen. Ist der Hund herangekommen, schmusen oder Futter.

Wenn der Hund Ihre Anstrengungen ignoriert, kommunizieren Sie ihm binär, also durch Negativsignale, Ihren Unmut über sein ignorantes Verhalten und machen ihm deutlich, dass Sie sein Verhalten nicht akzeptieren. Ganz wichtig ist dabei: Sie schalten in dem Augenblick, im dem sich der Hund Ihnen zuwendet, von Ihrer negativen Gestimmtheit auf freundliches, motivierendes Verhalten um. Achten Sie außerdem darauf, dass der Hund nach dem Herankommen und der Kontaktaufnahme sich erst dann wieder von Ihnen abwendet, wenn der Kontakt von Ihnen durch ein deutliches Signal als beendet erklärt wurde. Zum Beispiel mit einem freundlichen „Lauf" und einer dazu passenden Geste.

HINWEISENDE GESTEN geben dem Hund beim Hin- und Her-Rennspiel und auch beim Suchen von Apportiergegenständen die Richtung vor.

DAS „HIN-UND-HER-RENN-SPIEL"

Ein „Hin-und-Her-Rennspiel" mit Variationen macht nicht nur dem Hund, sondern auch der ganzen Familie sichtlichen Spaß und kann mit zwei oder mehreren Beteiligten „gespielt" werden. Nutzen Sie dabei vorzugsweise erkennbare Wege als Trainingsgebiet, so festigen Sie nebenher den grünen Bereich (siehe Seite 106, Bogenrein).

So wird's gemacht

Zwei Personen (Anna und Klaus) stellen sich in einem Abstand von 5, 10 oder sogar 20 Metern gegenüber auf – je nach Alter und Größe des Hundes. Anna schickt den Hund nun über eine zeigende „Lauf"-Geste in Richtung Klaus. Hierbei bekommt das richtungsweisende Signal eine erste Bedeutung. Klaus geht, sobald der Hund in seine Richtung sieht, sofort mit einem motivierenden Laut („Honululu") in die Hocke. Ist der Hund bei ihm angekommen, achtet Klaus darauf, dass der Hund nicht nur flüchtig Kontakt aufnimmt, sondern er motiviert ihn durch Schmusen und/oder einem Leckerchen dazu, sich eine Weile bei ihm aufzuhalten. Dann schickt Klaus den Hund über eine zeigende „Lauf"-Geste wieder in Richtung Anna, die sich ebenso verhält wie zuvor Klaus. Anna und Klaus können ihren Hund auf diese Weise mehrmals hin- und herschicken. Dadurch werden sowohl das Herankommen als auch das Kontakthalten gefestigt. Dasselbe können auch mehrere Familienmitglieder zusammen mit dem Hund „spielen", indem sich alle in einem Kreis oder Quadrat aufstellen und abwechselnd immer wieder ein anderer in die Hocke geht, sobald der Hund über die zeigende „Lauf"-Geste in dessen Richtung geschickt wurde.

Kontakthalten fördern über „Bleib an meiner Seite“

Für erfolgreiche Apportier- und Suchübungen soll sich Ihr Hund an Ihnen und Ihren Gesten orientieren und Ihnen dabei freudig und freiwillig folgen.

Das freudige Herankommen war der erste Schritt, den wir jetzt mit der „Freifolge bei Fuß“, dem sogenannten „Bleib an meiner Seite“ verbinden. Jetzt kann es mit „Stop-and-Go“-Übungen weitergehen.

„STOP-AND-GO“ FÖRDERT DAS KONTAKTHALTEN

So wird's gemacht

Loslaufen und dann schnell in die Hocke gehen und sich vom Hund abwenden. Sobald der Hund aufschließt, ein Leckerchen geben. Hat er es genommen, aufstehen, schnell loslaufen, um kurz darauf ein weiteres Mal plötzlich in die Hocke zu gehen. Jetzt wieder mit Futter belohnen und wieder von vorn. Bei dieser Übung bleibt es für den Hund spannend, auf Sie zu achten, denn er wird bemüht sein, an Ihrer Seite zu bleiben, da er Ihr In-die-Hocke-Gehen nicht verpassen will.

„BLEIB AN MEINER SEITE“ ÜBEN

Versuchen Sie, Ihren Hund nur mithilfe motivierender Körpergesten und Aktionen an Ihrer Seite zu halten, damit er so lange „Bei Fuß geht“, bis Sie ihn wieder freigeben. Wechseln Sie dabei häufig und unvermittelt Ihre Laufrichtung. Wenn Sie in Ihrem Bewegungsverhalten variabel sind, fördern Sie die Aufmerksamkeit Ihres Hundes und er wird sich bemühen, den Anschluss nicht zu verlieren. Da Ihr Hund außerdem schon gelernt hat, auf Lautsignale wie Zungenschnalzen oder „Honululu“-Rufe mit Kontaktaufnahme zu reagieren, können Sie bei jedem Richtungswechsel oder Haken, den Sie schlagen, zusätzlich das Lautsignal als kleine Hilfestellung einsetzen. Zwischendrin stoppen Sie immer mal wieder und gehen in die Hocke, um ihn zu belohnen. Spielerisch und wie nebenbei geht Ihr Hund nun Bei Fuß.

KONTAKTAUFNAHME intensiviert man durch ein Wegdrehen.

KONTAKTHALTEN fördert man durch variable Bewegungsmuster.

„SO SCHÖN BEI FUSS“

Nachdem Sie Ihren Hund über Gesten und Laute motiviert haben, Ihnen zu folgen, koppeln Sie nun sein augenblickliches Verhalten, das „Neben-Ihnen-Gehen“, mit einem Hörzeichen, zum Beispiel „So schön Fuß“, und bestätigen dadurch sein augenblicklich gezeigtes Verhalten. Wenn Sie zeitgleich mit einer Hand an die Seite Ihres Oberschenkels klopfen, wird er das dem Hörzeichen und seinem Verhalten zuordnen. Zu einem späteren Zeitpunkt können Sie dann wahlweise auf den Schenkel klopfen oder „So schön bei Fuß“ sagen, um eine Freifolge zu bewirken. Variieren Sie während dieser Übung Ihre Geschwindigkeit. Einmal schnell schreiten, dann im Schneckentempo schleichen, um sodann spontan in ein freudig-hopsendes Laufen zu wechseln. Dadurch werden seine Sinne immer wieder aufs Neue erregt und das „Bleib an meiner Seite“ bleibt spannend für den Hund.

BLICKKONTAKT wird immer wieder verbal oder durch ein Leckerli bestätigt.

BESTEHEN SIE AUF DAS KONTAKTHALTEN

Wenn die zuvor beschriebenen Übungen mit Ihrem Hund problemlos klappen, können Sie die Aufmerksamkeit Ihres Hundes immer stärker auf die Probe stellen, indem Sie ablenkende Einflüsse in den Übungen zulassen bzw. bewusst einbauen. Je selbstsicherer und eigenständiger Ihr junger Hund wird, desto mehr werden sich Unaufmerksamkeiten und Ungehorsam häufen. Allein mit Motivieren, wie zum Beispiel über Futter, kann auf Dauer weder Ungehorsam noch ignorantes Verhalten Ihnen gegenüber verhindert werden, da es nicht reglementierend auf ihn wirkt.
Es ist daher unabdingbar, dass Sie auf Blickkontakt und Kontakthalten bestehen! Etablieren Sie mit dem positiven „Bleib an meiner Seite“ auch gleichzeitig das „Entzieh dich nicht meiner Kontrolle“. Scheuen Sie sich nicht, mit deutlicher Binärsprache dem Hund durch „Ja“ beziehungsweise „Nein“ zu übermitteln, was Sie von ihm erwarten. *„Falsch“* in ganzer Konsequenz, wenn sich Ihr Hund anderweitig orientieren will. *„Richtig“*, ausgeprägt positiv und übereinstimmend, wenn er freudig neben Ihnen läuft. Es ist ein äußerst schnelles Wechselspiel an binären Stimmungen, die Sie absolut überzeugend kommunizieren müssen. Hier hilft nur üben – üben – üben. Es zeigt sich dann, ob Sie mit Ihrem Hund wirklich eine Übereinkunft getroffen haben. Mehr zum Thema „Binäre Kommunikation“ finden Sie in meinem Buch „Grunderziehung für Welpen“.

„Sitz“ – ganz ohne Worte

Durch ein Kommunizieren über Gesten können Sie Ihrem Hund zeitgleich zwei Signale übermitteln. Beispielsweise kann man die „Komm-mir-nicht-nach“- Geste mit der „Sitz-Geste“ kombinieren.

SITZ Mit einer deutlichen „Komm-mir-nicht-nach“-Geste einen Schritt entfernen ...

GESTE UND KÖRPERSIGNAL FÜR SITZ

Gerade für die Such- und Apportieraufgaben ist es hilfreich, über eine einfache Verständigungsebene mit dem Hund zu verfügen, bei der der Blickkontakt im Vordergrund steht. Wesentlich einfacher als über den Umweg Sprache ist es für Mensch und Hund, wenn die Aufforderung „Sitz“ über nonverbale Kommunikation vermittelt wird. Die Geste „Hand mit gestreckten Zeigefinger über den Kopf führen“ ist einfach auszuführen und für den Hund leicht erkennbar. Um das Signal noch zu verdeutlichen, kann die Geste mit einem Körpersignal, beispielsweise einem kurzen leichten Beugen der Knie, verstärkt werden. Der Hund wird diese Kombination aus Geste und Körpersignal rasch und gut einordnen. Hat er Körpersignal und Geste verinnerlicht, können Sie die beiden Signale auch einzeln einsetzen.

RUHIGES WARTEN IM SITZ EINÜBEN

Sitz-Übungen fördern Steadiness (siehe Seite 84), Konzentration und Kontakthalten. Daran können Sie folgendermaßen arbeiten: Bringen Sie Ihren Hund über die deutliche Geste „Zeigefinger über den Kopf führen“ ins Sitz. Dann drehen Sie sich seitlich etwas von ihm ab, entfernen sich einen Schritt und verdeutlichen Ihrem Hund gleichzeitig durch eine „Komm-mir- nicht-nach“-Geste, dass er im Sitz warten soll. Das leichte Wegdrehen dauert jedoch nur einen Augenblick, denn Sie drehen sich gleich wieder zu ihm hin, gehen den Schritt zurück und belohnen das brave Sitzenbleiben mit Futter.

... und einen Augenblick später das brave Warten mit einem Leckerli belohnen.

Dann wiederholen Sie die gleiche Signalfolge. Dieses Mal verharren Sie jedoch etwas länger in der seitlich abgewendeten Position, bevor Sie sich ihm wieder zuwenden. Beim nächsten Mal entfernen Sie sich schon einige Meter, um sogleich wieder ohne Verzögerung zurückzukehren und ihn zu belohnen. Beim nächsten Entfernen verharren Sie bereits einen kurzen Augenblick, bevor Sie sich ihm wieder nähern.
Geben Sie ihm jedes Mal beim Zurückkommen zur Belohnung für das Sitzen und Warten ein Stück Futter. Bei den weiteren Wiederholungen versuchen Sie nun, den Abstand und die Wartezeiten langsam auszudehnen. Das alles geschieht vollkommen wortlos! Arbeiten Sie nur über Körpersignale und Gesten und beobachten Sie an den Reaktionen Ihres Hundes, ob Sie in Ihrer Körpersprache klar genug sind. Sie fördern mit dieser unaufgeregten und wortlosen Kommunikation sein Interesse an Ihren Handlungen. Er lernt, Sie zu beobachten, sucht den Blickkontakt und konzentriert sich ganz auf Sie. Das ist es, was für die Steadiness bei den Apportierübungen wichtig ist.

PERFEKT warten Terrie und Emma im „Bleib 1“, bis sie einzeln oder gemeinsam herangerufen werden.

Übungsvariationen für Fortgeschrittene

„Stop-and-Go"-Übungen bringen dem Hund bei, sich an unseren Gesten zu orientieren. Dieses Zusammenspiel ist eine wichtige Basis, auf die wir in den folgenden Apportierübungen zurückgreifen werden.

„STOP-AND-GO" IN VERBINDUNG MIT „SITZ"

Je besser es Ihnen gelingt, in den Übungen ein Wechselspiel zwischen Ruhe und Aktion zu initiieren, desto besser und länger wird sich Ihr Hund auf Sie konzentrieren. Durch die Verwendung einfacher Signale (zum Beispiel eine deutliche „Jetzt-geht's-los"-Geste oder ein Trippeln als Aufmerksamkeitssignal vor dem Stehenbleiben mit dem nachfolgenden Sitz-Körpersignal „Beugen-und-wieder-Durchdrücken der Knie") werden die Übungen komplexer und lassen sich interessanter gestalten. Durch das Wechselspiel zwischen Aktivität (Bewegung) und Ruhe können Sie Ihren Hund zunächst in eine positive gespannte Aufmerksamkeit versetzen und sodann wieder zügeln und in einen Ruhezustand bringen. Das klappt wunderbar mit „Stop-and-Go" in Verbindung mit „Sitz".

„STOP-AND-GO" – DAS VOLLE PROGRAMM

Bei „Stop-and-Go"-Übungen verbinden Sie, wie bereits zuvor beschrieben, mehrere Signale miteinander. Zum Beispiel so: Durch das Aufmerksamkeitssignal „Honululu" nimmt Ihr Hund Blickkontakt auf, „In-die-Hocke-Gehen" und „Arme-Ausbreiten" motivieren ihn zum Herankommen. Das Aufstehen und das darauf folgende kurze Beugen der Knie und/oder der hocherhobene Zeigefinger lösen ein „Sitz" aus, das belohnt wird. Jetzt moti-

STOP-AND-GO Blickkontakt ist der richtige Moment, Trippelschritte zu machen und ein „Sitz" anzubieten.

FREIWILLIGES KONTAKTHALTEN tun Emma und Terrie gerne, weil Anton beim „Bei Fuß" ihre Aufmerksamkeit immer mit spannenden Aufgaben auf sich zieht.

vieren Sie Ihren Hund aus dem Sitz heraus anfangs nur ein kurzes Stück, später dann längere Strecken, neben Ihnen herzulaufen (siehe Seite 37, Kontakthalten). Bevor Sie jetzt stehen bleiben, empfiehlt es sich, dieses mit einem deutlichen Langsamer-Werden anzuzeigen, damit Ihr Hund nicht überrumpelt wird.

Info

„STOP-AND-GO"-ÜBUNG IN STICHWORTEN

- Sitz – Jetzt-geht's-los-Geste – Folgenlassen bei Fuß – Trippelschritte – Stehenbleiben – Sitz – Belohnen – Lauf
- Sitz – Bleib und warte – Weggehen – Heranrufen – Sitz – Jetzt-geht's-los-Geste – Folgenlassen bei Fuß – Trippelschritte – Stehenbleiben – Sitz – Belohnen – Lauf

Dazu verkürzen Sie Ihre Schrittweite und machen dabei immer kleiner werdende Trippelschritte als überleitende Geste für das Stehenbleiben. Sobald Sie stehen, motivieren Sie den Hund über Ihr Körpersignal und falls nötig mittels Geste ins „Sitz". Kurz darauf signalisieren Sie ihm dann durch eine deutliche „Jetzt-geht's-los"-Geste, dass es weitergeht. Dabei wechseln Sie immer wieder die Richtung, damit der Hund permanent gefordert ist, Sie und Ihre Signale genau zu beobachten. Den Ablauf der „Stop-and-Go"-Übungen können sie variabel gestalten und beliebig verlängern. So können Sie zum Beispiel nach einigen Wiederholungen Ihren Hund ins „Sitz" bringen. Dann entfernen Sie sich ein paar Schritte von ihm, rufen ihn über ein In-die-Hocke-Gehen" heran, bringen ihn wieder in die Sitzposition und beginnen von vorne. Als Übungsabschluss geben Sie ihn mit einem „Lauf" frei oder belohnen ihn mit einem gemeinsamen Umhertoben.

Symbolik der Fichtlmeierschen „Bleib"-Übungen

„BLEIB 1"

Bei „Bleib 1" verwenden Sie weder Leine noch Halsband, z. B. bei „Sitz" mit Abrufen, das bedeutet *„Warte, bis ich dich rufe"* oder bei der Freifolge Bei Fuß, *„Bleib an meiner Seite"* oder *„Warte bis ich dich laufen lasse"*.

„BLEIB 2"

Bei „Bleib 2" *„Warte, es folgt eine Aufgabe"* benutzen Sie die Leine als passives Signal mit Symbolcharakter. Sie signalisiert dem Hund, dass jetzt eine Aufgabe folgt und ermöglicht ihm, sich darauf einzustellen. Er wird gerne warten, ansonsten fällt das Apportieren aus. Als Symbol codiert die auf dem Boden abgelegte Leine:

1. Für den Ausgangspunkt, an dem der Hund zu Warten hat, bis ein entsprechender Hinweis von Ihnen ihm gestattet zu Apportieren.
2. Für den Treffpunkt oder Sammelplatz, an den er immer wieder mit den eingesammelten Dummys zurückkehrt, um dann seine Belohnung in Empfang nehmen zu können.

„BLEIB 3"

Bei „Bleib 3", *„Warte, bis ich dich abhole"*, definieren Sie die für den Hund verständliche Symbolik über das angelegte Halsband mit angeklickter Leine, die am Boden liegt, und einem Gegenstand. Eine einfache Möglichkeit, dem Hund die Zeitspanne der Verweildauer zu vermitteln. Der Hund wird bei dieser Übung niemals abgerufen oder geschickt. Er wartet im sicheren grünen Bereich vertrauensvoll und zuverlässig auf Sie, bis Sie ihn wieder abholen.

Fichtlmeiers Konzept des Tauschens

Mein Konzept des Tauschens vereinfacht das Apportieren und fördert das Kontaktsuchen und Kontakthalten.

DÜRFEN STATT MÜSSEN

Durch Tauschen können Sie Ihren Hund dazu veranlassen, dass die Motivation, Ihnen Beute zu bringen, von ihm ausgeht. Er darf Ihnen etwas überlassen, er muss es nicht. Dadurch wird er auch mit Beute im Maul gerne herankommen, Kontakt mit Ihnen aufnehmen und Sie zum Tauschen auffordern.

Was passiert beim Tauschen?

Der Hund als „fahrender Händler“ klopft bei Ihnen an, um seine Ware anzupreisen. Er möchte sie Ihnen als Tauschobjekt anbieten. Nicht Sie sind es, der die Ware unbedingt haben will. Er will sie loswerden, denn er bekommt im Gegenzug etwas Wertvolleres dafür von Ihnen. Anders formuliert: Bringt er Ihnen das Dummy, springt Futter und gute Laune für ihn heraus.

TAUSCHEN MACHT SINN

Das Etablieren des Tauschsystems in der Mensch-Hund-Beziehung trägt auch dazu bei, konkurrierendes Verhalten und daraus entstehende Konfliktsituationen zu entschärfen.
Hat der Hund das Tauschprinzip verstanden und verinnerlicht, ist Tauschen auch die beste Basis für ein Verweisen von Gegenständen oder Menschen. Das bedeutet: Kann der Hund etwas, das er gefunden hat, nicht aufnehmen und tragen, kann er lernen Ihnen zum Beispiel durch das Bringsel-Verweisen seinen Fund anzuzeigen oder er kommt zu Ihnen und motiviert Sie, ihm an den Fundort zu folgen (siehe Seite 155).

POSITIVE NEBENEFFEKTE

Durch das Tausch-Konzept bewirken Sie, dass der Hund Kontakt zu Ihnen sucht, Ihnen nachläuft und Kontakt hält. Er will, dass Sie ihn bemerken und stehen bleiben, damit er Ihnen seine Beute anbieten und gegen ein Leckerli eintauschen kann.
Bringt Ihr Hund alles, was er findet, um mit Ihnen zu tauschen, dann besteht im Fall der Fälle auch die große Chance, dass er selbst einen von Hundehassern ausgelegten Giftköder apportiert und lieber tauscht als diesen schnell zu verschlingen.

UNFÄLLE MÜSSEN NICHT SEIN

Wie schnell etwas passieren kann, haben wir mit einem unserer Hunde selbst erfahren müssen. Vor vielen Jahren waren wir einmal zu Besuch bei Freunden. Auf deren Bauernhof war ein hochgiftiger Rattenring ausgelegt worden. Unser damals fünf Monate alter „Herr Quibinger“ überlebte diese Situation nur deshalb, weil er uns grundsätzlich alles, was er fand, brachte, um es gegen Futter zu tauschen.
Da Rattengift nicht sofort, sondern erst nach Tagen und dann umso todbringender wirkt, hätten wir die Vergiftung sicher erst zu spät bemerkt.
Unvorstellbar, wenn ich meinen Hund über Futtersuchspiele gelehrt hätte, dass er seine Nase bewusst einsetzen soll, um ausgelegtes Fressbares zu suchen.

FRANZL DENKT NACH Sein Blick zeigt, dass er das Tausch-Prinzip langsam erfasst.

TAUSCH-PRINZIP Terrie hat es verstanden. Trotz voller Futterschüssel lief er los, um ein Dummy als Tauschobjekt zu suchen.

FUTTERSUCHSPIELE – NEIN DANKE!

Wir verzichten grundsätzlich auf sogenannte Futtersuchspiele. Bei solchen Spielen sucht der Hund kleine Futterstückchen, die am Boden oder auf einer Wiese verstreut werden und die er fressen darf. Die Gefahr, dass er dadurch lernt Unrat zu suchen und zu fressen ist sehr groß.

Was passiert bei diesen Futtersuchspielen?
Der Hund sucht, findet ein Futterbröckchen und belohnt sich sofort selbst, indem er es frisst. Dann sucht er das nächste. Während er die Leckerchen sucht, klammert er seinen Menschen völlig aus. Futtersuchspiele konditionieren einen Automatismus beim Hund: „Futter suchen, finden und fressen!“ Einen solch konditionierten Hund wieder davon abzuhalten, allen Unrat vom Boden aufzunehmen, wird um ein Vielfaches schwieriger. Unter Umständen verschluckt er sogar das Gefundene schnell, wenn Sie versuchen es ihm wegzunehmen, da Sie in Konkurrenz mit ihm gehen. Nach dem Motto: Was schnell verschluckt wird, kann nicht mehr weggenommen werden. Kennt der Hund hingegen das Prinzip des Tauschens, denkt er sofort an Sie, wenn er etwas findet und wendet sich Ihnen zu, um das Gefundene ersatzweise gegen ein Leckerli einzutauschen.

Die Auswahl der Dummys

Legen Sie sich eine Vielzahl unterschiedlicher Dummys zu. Dadurch bleibt das Apportieren für die Sinne des Hundes immer abwechslungsreich und spannend.

VIELE DUMMYS – VIELE MÖGLICHKEITEN

Die Wahl des richtigen Dummys ermöglicht im Vorfeld, die Aufgabenstellung zu präzisieren. Eine große Auswahl gestattet es, variable Auslösereize an Hunde anzulegen (siehe Seite 58). So können Sie bestimmte Sinne des Hundes verstärkt ansprechen und damit seinen Fokus auf das jeweils angesprochene Sinnesorgan lenken.

Apportierhölzer

Apportierhölzer werden in unterschiedlichen Gewichten aus Buchenholz hergestellt. Sie sind außen dick und in der Mitte schmal. Dadurch kann der Hund sie besser aufnehmen. Mit unterschiedlich schweren Apportierhölzern kann man die Nackenmuskulatur des Hundes trainieren.

Canvasdummys für Land und Wasser

Das Canvasdummy ist eines der bekanntesten und meistverwendeten Dummys in der Hundeausbildung. Es wird in vielen Gewichtsklassen (von 25 Gramm bis fünf Kilogramm), Ausführungen und Farben angeboten. Canvas ist ein spezieller Stoff, der extrem reißfest ist. Weil dieser robuste Apportiergegenstand auch schwimmt, eignet er sich auch hervorragend für Aufgabenstellungen am und im Wasser.

Wasser-Dummys

Neben den Canvasdummys gibt es weitere Dummys, die Sie ebenfalls im Wasser verwenden können. Sie sind in ihrem Aussehen echtem Wild nachgestaltet und aus weichem Kunststoff gearbeitet. Ob Taube, Fasan oder Stockente, die Größe gleicht ihren natürlichen Vertretern. Mancher Hund wird über die realitätsnahe Form stark angesprochen.

BELIEBTHEIT VON DUMMYS **Beginnt man mit einem Hund zu apportieren, gibt man ihm die Chance, sein Lieblingsdummy selbst zu bestimmen.**

DAS STOCKENTENDUMMY gleicht in Gewicht, Größe und Form seinen natürlichen Vertretern und wird gerne bei der Jagdhundeausbildung verwendet.

Jute-Dummys

Jute hat einen charakteristischen Eigengeruch, der vom Material stark abgegeben wird. Gleichzeitig nimmt Jute auch Fremdgerüche sehr gut auf. Besonders gut eignen sich Jute-Dummys zum Schleppeziehen, da sich über die Reibung auf dem Boden feinste Faserteilchen lösen. Jutedummys mit Handschlaufe können an Äste gehängt werden, damit der Hund lernt auch in der Höhe zu suchen – so bleibt die Arbeit immer spannend für ihn.

Fell-Dummys

Dummys, die mit echtem Hasen-, Kaninchen-, Marder- oder Fuchsbalg überzogen sind, setzen wir in der jagdlichen Ausbildung gerne für die Vorbereitung auf den Apport von Haarwild und zur Schleppen- und Fährtenarbeit ein. Für den Familienhund sind diese nicht so gut geeignet, sie sollten deshalb eher für Verleitfährten und zum Zweck der Tabuisierung eingesetzt werden.

Info

DUMMY-WURFSPUREN

Es ist immer wieder faszinierend zu beobachten, wie sich viele Hunde bei der Suche nach einem Dummy an einer vorhandenen Wurfspur orientieren. Eine Wurfspur ist die Flugspur eines geworfenen trockenen oder nassen Dummys. Da der Hund lernen soll, seine Nase auf feinste Geruchspartikel einzustellen, verwende ich beim Werfen gerne Jutedummys. Diese geben mehr Duftstoffe ab als Dummys mit glatter Oberfläche, da sich Flusen beim Werfen ablösen.

Ich benetze Dummys auch immer wieder einmal mit Wasser, da über die abperlenden Tropfen ebenfalls eine Wurfspur entsteht.

Ein zuvor in Wasser eingetauchtes Dummy hinterlässt beim Werfen auf einer Wasseroberfläche eine Tropfspur, in der sich die Geruchspartikel wiederfinden.

WURFDUMMY Eine Kordel am Dummy ermöglicht ein weites Schleudern oder das Festbinden an Büschen.

FELLDUMMYS eignen sich gut für die jagdliche Ausbildung beim Jagdgebrauchshund oder für das Legen von Verleitfährten beim Familienhund.

ungen zum SUCHEN UND ORTIEREN

Schritt für Schritt zum

APPORTIEREN

Am Anfang steht der Auslösereiz

Sie können sich verschiedener Auslösereize bedienen, um das Interesse des Hundes an einem Dummy zu wecken, Dabei sollte immer das freudig-emotionale Miteinander im Vordergrund stehen.

APPORTIEREN KANN JEDER HUND LERNEN

Jeder Hund kann lernen, Gegenstände zu suchen, aufzunehmen und zu bringen. Voraussetzung dafür ist in erster Linie, dass Sie das Apportieren lustbetont für ihn gestalten. Es lassen sich natürlich rassebedingte Unterschiede feststellen. Haben Sie einen Hund, der von seiner genetischen Veranlagung her gerne Beute ins Maul nimmt, wie es zum Beispiel bei den meisten Apportier- und Jagdhunden der Fall ist, tun Sie sich leichter als bei einem Herdenschutzhund, der sich fürs Apportieren nur wenig interessiert. Doch auch ein solcher Hund lässt sich zumindest dazu motivieren, etwas zu suchen, selbst wenn er es dann nicht aufnimmt. Er wird den Fund jedoch zumeist anzeigen.

UNTERSCHIEDLICHE REIZE ALS AUSLÖSEFAKTOR

Um Ihren Hund zum Aufnehmen, Heranbringen und Tauschen eines Objektes zu motivieren, gibt es etliche praxisbewährte Methoden. Das Wichtigste ist ein Reiz, ein sogenannter Auslösefaktor, der Ihren Hund dazu bringt, sich überhaupt für das zu apportierende Objekt zu interessieren. Wir unterscheiden drei verschiedene Auslösefaktoren:

1. Natürliche Neugier: Manchem Hund genügt oft schon das Entdecken eines Dummys (Gegenstandes), damit er hinläuft und es aufnimmt. Sie können also erst einmal einfach abwarten, ob Ihr Hund zufällig irgendetwas ins Maul nimmt, zum Beispiel eine Socke, die daheim auf dem Boden liegt.

2. Sinnesreiz anlegen: Sie können bei Ihrem

AUSLÖSEREIZ **Das Wissen um das Tauschen bewirkt, dass herumliegende Dummys den Welpen zum Aufnehmen motivieren.**

GELEGENHEIT NUTZEN Diese Gelegenheit zum Tauschen sollte man nicht verschlafen.

Hund bewusst einen Reiz über Auge, Nase und Ohr oder über den Gegenstand als solches anlegen und dadurch seine Aufmerksamkeit auf das Objekt, das er aufnehmen soll, lenken.

3. Motivation durch Stimmungsübertragung: Hierbei baut man darauf, dass der Hund im Zuge von Verhaltenskoppelung, Nachahmung oder Zusehen-Lassen bei einem anderen Hund oder Familienmitglied dazu veranlasst wird, sich für ein Objekt zu interessieren, weil er es dann vielleicht auch haben will.

Auf einen dieser drei Auslösefaktoren reagieren die meisten Hunde mehr oder weniger stark. Oft gelingt es auch über eine Kombination der unterschiedlichen Auslösefaktoren, das Interesse des Hundes für ein Objekt zu wecken.

NATÜRLICHE NEUGIER

Der Zufall kann helfen

So mancher Welpe oder junge Hund nimmt beim Erkunden seines Umfelds Gegenstände oder Kleidungsstücke ins Maul, die er dabei entdeckt und die nach seinen Menschen riechen. Er trägt diese umher, bringt sie in seinem Körbchen in Sicherheit und fängt schon mal an, den einen oder anderen Gegenstand zu beknabbern oder zu zerkauen.

Falsch wäre es in diesem Moment, ihm diesen Gegenstand mit Gewalt wegzunehmen und ihn zu schimpfen. Ideal hingegen wäre, wenn Sie bereits beim Aufnehmen des Gegenstandes dabei sind, um so die Gelegenheit zu nutzen, dem Hund einen Tausch anzubieten (siehe Seite 44, Tauschprinzip). Zu diesem Zweck sollten Sie am besten immer kleine Leckerlis parat haben.

Egal, ob es sich um einen Welpen oder älteren Hund handelt, nutzen Sie die Gelegenheit, die sich in dem Moment ergibt, in dem der Hund eine herumliegende Socke oder einen Schuh ins Maul nimmt. Reagieren Sie sofort, am besten so: Sie nähern sich dem Hund (ohne ihn zu bedrängen), gehen dann in die Hocke und ermuntern ihn zum freudigen Herankommen. Sobald er bei Ihnen ist, bieten Sie ihm ein Leckerli an, wobei Sie den Gegenstand in Ihre Hand fallen lassen, sobald der Hund das Maul öffnet, um das Futter zu fressen. Schon haben Sie erfolgreich den Grundstein für alle zukünftigen Tauschgeschäfte gelegt.

Haben Sie außerdem noch ein kleines weiches Pocketdummy in der Tasche, können Sie sofort im Anschluss an Ihr erstes Tauschgeschäft versuchen, dass er sich für das Dummy interessiert und dieses ins Maul nimmt.

Eine wunderbare Möglichkeit für Ihren nächsten „Deal". Und außerdem wird nicht das Kleidungsstück zum Symbol für Tauschgeschäfte, sondern das Dummy. Der Hund soll ja jetzt nicht permanent Kleidungsstücke oder Gegenstände herumtragen, um zu tauschen.

SINNESREIZE ANLEGEN

Auslösefaktor Auge

Optischer Reiz:

Die Bewegung löst den Hund aus

Nicht jeder Hund zeigt, wie zuvor beschrieben, von sich aus Interesse an einem „toten" Objekt und nimmt es auf. In diesem Fall wecken Sie sein Interesse daran auf andere Weise, zum Beispiel über einen Bewegungsreiz. Den von vielen Hundehaltern am häufigsten eingesetzten Bewegungsreiz kennen wir alle: „Stöckchen oder Ball werfen". Man wirft, der Hund rennt hinterher, schnappt sich den Gegenstand, kommt zurück und wirft einem diesen vor die Füße mit der Aufforderung: „Los, nochmal werfen! Ich will die Beute hetzen!" – Der Hund definiert selbst die Regeln des Spiels, befriedigt seine Interessen selbst, der Mensch wird, wenn man das so weiter praktiziert, zur Ballwurfmaschine degradiert.

Info

DAS TAUSCHPRINZIP DEFINIERT DEN BEDEUTUNGSINHALT VON DUMMYS

Damit ein Dummy für den Hund eine Bedeutung bekommt, muss er es zuerst einmal überhaupt wahrnehmen. Dafür sorgt ein Auslösefaktor, also ein Reiz, der beim Hund dieses Interesse auslöst.

Hat er schließlich Interesse für den Gegenstand entwickelt, können Sie ihm durch Ihr Tauschangebot „Futter gegen Beute" (Dummy) signalisieren, dass das Dummy auch Ihr Interesse geweckt hat.

Durch dieses Tauschgeschäft „Futter gegen Dummy" steigert sich im Gegenzug auch das Interesse des Hundes am Dummy. Ihr Tauschangebot hat damit gewissermaßen den Wert der Beute erhöht.

HARMONIE STATT ZERRSPIEL Vertrauensvoll sucht der Welpe die Nähe seines Menschen. Jetzt ein Zerrspiel zu beginnen würde diese Harmonie zerstören.

DAS FLIEHENDE OBJEKT löst ein Verfolgen aus. Der Hund hetzt hinterher.

DAS FALLENDE OBJEKT erregt wie nebenbei sein Interesse. Der Hund hetzt nicht hinterher.

Bewegungsreize bewusst nutzen

Da ich Hunde nicht zu tumben Balljunkies erziehen will, plädiere ich dafür, den Bewegungsreiz auf andere Weise zu nutzen. Zum Beispiel kann man mithilfe eines Bewegungsreizes anstelle von Nachhetzen lediglich das Interesse des Hundes für das Objekt wecken. Dazu nehmen Sie ein Dummy und werfen es gut sichtbar für den Hund ein kleines Stück von Ihnen weg. Läuft er hin, um es aufzunehmen, tauschen Sie das Dummy sofort gegen Futter. In einem nächsten Schritt lassen Sie das Dummy, während Sie in Bewegung sind, so zu Boden fallen, dass Ihr Hund das Fallen des Dummys bemerkt. Dann laufen Sie noch einige Schritte weiter. Wird Ihr Hund durch den Bewegungsreiz des zu Boden fallenden Dummys ausgelöst, es zu packen, motivieren Sie ihn, das Dummy zu Ihnen zu tragen und tauschen gegen Futter.

Das Dummy zum Leben erwecken

Auch über schnelles Hin- und Herbewegen eines Dummys können Sie diesem Gegenstand „Leben“ einhauchen. Seine Veranlagung, etwas „Lebendes“ fangen zu wollen, wird den Hund schnell dazu motivieren, es zu greifen und festzuhalten. Wenn Sie dann sanft daran ziehen, wird er beginnen zu kontern. Das zeigt Ihnen, dass er es festhalten wird. Lassen Sie dann los, entfernen Sie sich ein paar Schritte, gehen Sie in die Hocke und ermuntern Sie ihn, sich Ihnen zu nähern. Dann tauschen Sie mit ihm. Danach laufen Sie wieder einige Schritte und lösen den Hund durch den Bewegungsreiz zum Nachfolgen aus. Folgt er Ihnen, kommt wieder derselbe Ablauf wie zuvor: Dummy fallen lassen, der Hund nimmt es auf, folgt Ihnen, Sie gehen in die Hocke und tauschen.

Will der Hund das Dummy vor Ihnen in Sicherheit bringen und läuft von Ihnen weg, bewegen Sie sich konsequent entgegen der Richtung des Hundes. Laufen Sie keinesfalls hinter ihm her! Drehen Sie sich stattdessen von ihm weg. Signalisieren Sie ihm, dass Sie sich nicht auf einen konkurrierenden Abgleich mit ihm einlassen und ihm die Beute nicht gewaltsam abnehmen, sondern stattdessen tauschen wollen.

Zeigt Ihr Hund Tendenzen, Beute zu sichern, binden Sie das Dummy vorsichtshalber an eine Schnur. So können Sie sich durch Verkürzen der Schnur an ihn heranarbeiten und ihm ein besonders schmackhaftes Leckerli als Tauschangebot vor die Nase halten.

Wichtig: Da ich das Konkurrenzverhalten eines Hundes nicht fördern, sondern kultivieren will, lasse ich mich nicht auf einen Dialog mit ihm ein, bei dem er versucht, durch Zerren

FREUDIGES ZUSAMMENSPIEL Der Hund läuft nicht dem Ball, sondern seinem Mensch hinterher. Das Prinzip des Tauschens erhöht den Stellenwert des Kontakthaltens.

ein Objekt für sich in Besitz zu nehmen. Stattdessen lenke ich sein hündisches Konkurrenzverhalten um auf ein Tauschgeschäft. Spielerisch und nebenbei lernt der Hund auf diese Weise, mir nachzufolgen und mir Beute hinterherzutragen.

Auslösefaktor Nase

Der Geruch zieht den Hund an

Das Interesse eines Hundes für ein Objekt mittels Bewegungsreiz zu wecken, ist in aller Regel nicht besonders schwer. Ich kenne so gut wie keinen Hund, der auf Bewegung nicht reagiert. Interessanter wird es, zu beobachten wie, ob und auf welchen Geruch bzw. Duftstoff ein Hund reagiert.

Das riecht nach dir: Von der Mütze zum Dummy

Beim Auslösefaktor „Natürliche Neugier" (siehe Seite 54) hatte ich kurz angesprochen, dass ein Hund Interesse an einem getragenen Kleidungsstück haben kann. Die Geruchsspuren, die diesem anhaften, erregen seine Nase und können sein Interesse daran bereits ohne Ihr aktives Zutun wecken. Ein Hund nimmt also gerne Gegenstände in den Fang, die nach seinem Menschen duften, wie zum Beispiel eine Mütze, einen Schal oder eine Socke. Nimmt er also Ihre Mütze von sich aus auf, können Sie das sofort nutzen. Wenn Sie ihn die Mütze zwei- bis dreimal bringen lassen und gegen Futter eintauschen, wird er den Geruch abspeichern und da Sie jedes Mal tauschen, ordnet er auch den Geruch dieser Aktion zu. Jetzt stecken Sie für kurze Zeit ein weiches kleines Dummy in die Mütze hinein, damit dieses den Geruch der Mütze annimmt. Dann legen Sie die Mütze zur Seite und lassen ihn stattdessen das Dummy finden, das er Ihnen ebenfalls bringen und zum Tausch anbieten darf.

EIN HUND nimmt gerne Gegenstände auf, die nach seinem Menschen duften.

Wenn nichts funktioniert: Vom Knochen zum Dummy

Lässt sich Ihr Hund nicht motivieren, ein Objekt ins Maul zu nehmen, zum Beispiel auf Grund seiner Rasse, können Sie folgendes versuchen: Sie nehmen einen Strumpf und stülpen diesen über einen kleinen frischen Kalbsknochen. Dann legen Sie die so präparierte Socke auf den Boden und motivieren Ihren Hund, mit Ihnen dorthin zu gehen. Er wird die Socke bemerken, weil ihm der Geruch des Knochens in die Nase steigt und in diesem Fall stehen die Chancen gut, dass er die Socke mit dem Knochen ins Maul nimmt. Jetzt gehen Sie sofort in die Hocke und bieten ihm etwas besonders Schmackhaftes, zum Beispiel gekochtes Hühnchen, zum Tausch an. Hat der Hund den „Knochensocken" getauscht, stecken Sie als Ersatz für den Knochen ein Dummy in die Socke. Da die Socke immer noch nach Knochen duftet, wird der Hund sie ein weiteres Mal aufnehmen. Dieses Mal riecht die Socke zusätzlich nach dem Dummy. Als nächsten Schritt nehmen Sie das Dummy aus der Socke und versuchen damit ein weiteres Tauschgeschäft. Da das Dummy nach Knochen und Socke riecht, wird es sicher klappen.

DIE KNOCHENSOCKE ist ein einfaches Hilfsmittel, auch für schwierigste Fälle.

Auslösefaktor Ohr

Ein Geräusch erregt Aufmerksamkeit

Man kann auch über einen akustischen Reiz die Aufmerksamkeit des Hundes auf ein Objekt lenken. Zum Beispiel durch ein Quietschgeräusch, das vom Dummy ausgeht. Das funktioniert so: Sie erzeugen durch Drücken des Dummys kurz den Quietschton, werfen es dann – wie zuvor (siehe Seite 56) beschrieben – einige Meter weg und tauschen es sofort gegen Futter ein, wenn der Hund es heranbringt.

Da der Quietschton dem Schmerzensschrei eines Tieres ähneln kann, zeigen manche Hunde hier eine Hemmung, das Dummy aufzunehmen. In diesen Fällen beschränken sie sich auf ein Inspizieren der potenziellen Beute. Beobachten Sie ein solches Verhalten bei Ihrem Hund, legen Sie das Quietschdummy sofort zur Seite und suchen einen besseren Weg, ihn zu motivieren.

Andere Hunde wiederum beißen sofort mit großer Erregung hinein, fast so, als wollten sie die Beute „töten". Hier ist besonderes schnelles Tauschen angesagt. Dann wird der Quietschmechanismus mit einem spitzen Gegenstand zerstört und das jetzt stumme Dummy weiter verwendet.

Hunde mit „weichem" Maul werden ein Quietsch-Dummy eher vorsichtig und ohne fest zuzubeißen in den Fang nehmen und es Ihnen nicht quietschend zutragen. Nachdem Sie über das Quietschgeräusch die Aufmerksamkeit Ihres Hundes auf das Dummy lenken konnten, wird dieses „entquietscht" (siehe oben) oder Sie verwenden zur weiteren Motivation wieder „normale" Dummys.

AUSLÖSEFAKTOR DUMMY

Das Dummy gibt den Ausschlag

Es können auch spezielle Eigenschaften des Materials oder die Form des Dummys sein, die zum Auslösereiz dafür werden, dass ein Hund den Gegenstand aufnimmt. Ob er das Dummy aufnimmt oder nicht, kann mit der Empfindung zusammenhängen, die speziell

MANCHE HUNDE haben ein Problem damit, bestimmte Materialien in den Fang zu nehmen.

OFT IST DIE FORM des Dummys ausschlaggebend dafür, ob es zum Lieblingsdummy wird.

dieses eine Dummy in ihm auslöst, zum Beispiel über sein Vomeronasal-Organ oder aufgrund von Geruchspartikeln, die ihm anhaften.

Unterschiedliche Reaktionen auf ein Dummy zeigen Hunde beispielsweise, wenn dieses nach einem anderen Hund riecht, der es vorher im Maul hatte oder ob es nach einem fremden Menschen oder nach Ihnen riecht, wie zum Beispiel das Mützen-Dummy, oder ob es die Geruchsspuren von Futter trägt wie bei der Knochen-Socke. Da Ihre Nase nicht so gut ist wie die Ihres Hundes, werden Sie in diesen Fällen vermutlich nie erfahren, was genau der besondere Auslöser war.

Taktile und geschmackliche Reize

Auslösefaktoren können auch aus dem Material resultieren, aus dem das Dummy gefertigt ist, wie zum Beispiel aufgeklebte Federn auf einem Holzdummy oder ein gegerbtes Fell (Hase, Kaninchen, Fuchs, Marder etc.), das über das Dummy gezogen wurde. Insbesondere Federn oder Fell können ein instinktives Verhalten beim Hund auslösen, wenn er es ins Maul nimmt. Hierbei spielt auch das Jacobson-Organ (Vomeronasal-Organ) eine wichtige Rolle, da es direkt mit dem limbischen (Emotions-)System verbunden ist. Das kann sich zeigen als ein Packen und Festhalten, ein Nicht-Hergeben-Wollen, ein Schütteln oder Fressen-Wollen, wenn das Dummy den Beuteinstinkt positiv anspricht. Es kann auch das Gegenteil der Fall sein und der Hund spuckt das Dummy sofort wieder aus, weil es ihm eventuell aufgrund von Geruch, Geschmack oder sensorischem Empfinden zuwider ist oder er es mit Negativem verknüpft.

Dann gibt es Dummys, die im Hund auslösen, es zu schütteln, wie zum Beispiel ein Kautau, das ihm beim Schütteln rechts und links an die Ohren schlägt, weil es sich in seiner Wahrnehmung gewissermaßen „wehrt“.

Info

AUSLÖSEFAKTOREN BEI DUMMYS

Auge
- Welche Form hat es (z. B. Entenattrappe, Holzdummy etc.)?
- Wie verhält sich der Gegenstand, wenn er belebt wird?

Nase
- Wonach oder nach wem riecht das Objekt?

Ohr
- Welche Geräusche macht es?

Dummy-spezifische Reize
- Wie fühlt es sich an (flusig, hart, weich, haarig, wie Metall, warm oder kalt)?
- Wie schmeckt es (nach Futter, chemisch, nach Wild)?
- Wie verhält es sich (wehrt sich, macht Geräusche etc.)?

Einige Meter von dem Dummy entfernt beginnen Sie nun so zu tun, als ob Sie ganz intensiv nach etwas suchen. Gehen Sie dazu in leicht gebückter Haltung und richten Sie Ihren Blick voll konzentriert auf den Boden. Gehen Sie dort hin und her mit der inneren Einstellung: „Ich suche etwas für mich ganz Wichtiges, zum Beispiel meine Autoschlüssel." Aus dem Augenwinkel heraus beobachten Sie gleichzeitig Ihren Hund. Hält er guten Kontakt zu Ihnen und ist er generell daran interessiert, was Sie machen, wird er sich an Ihrem Verhalten orientieren und über kurz oder lang in Ihre Nähe kommen und ebenfalls beginnen zu suchen. Gemeinsam können Sie sich nun auf die Suche nach dem Dummy begeben. Halten Sie sich jedoch bei Ihrer Suche etwas zurück, sodass der Hund immer näher am Gegenstand ist als Sie. Versuchen Sie auch immer dann, wenn er von sich aus kurz Blickkontakt aufnimmt, ihm körpersprachlich indirekt durch intensives Suchen in Richtung Dummy Hilfestellung zu geben. Das schafft Teamgeist, denn auf diese Weise kommen Sie gemeinsam zum Erfolg.

MOTIVATION DURCH STIMMUNGSÜBERTRAGUNG

Emotionale Auslösefaktoren

Sie können Ihren Hund über 1. Verhaltenskoppelung, 2. Stimmungsübertragung, 3. Nachahmung oder Zusehen-Lassen (zum Beispiel durch die Anwesenheit eines zweiten Hundes) dazu motivieren, sich für das Objekt zu interessieren, weil er es dann auch finden oder fangen will.

1. Verhaltenskoppelung

Über eine Koppelung an Ihr Verhalten motivieren Sie Ihren Hund, mit der Suche nach einem Gegenstand zu beginnen. Das geht folgendermaßen: Warten Sie, bis Ihr Hund von irgendetwas abgelenkt ist und nicht zu Ihnen hersieht. Dann legen Sie unauffällig das Dummy ab, jedoch so, dass man es noch sehen kann.

NACHAHMUNG Antons Suchverhalten vermittelt Franzl, dass es hier etwas zu finden gibt.

REFLEXMÄSSIGES HERANKOMMEN ist die Basis für den zügigen Apport.

NACHAHMUNG Gerade das Zuschauen macht Lust aufs Mitmachen.

2. Stimmungsübertragung

Anstatt die Neugierde Ihres Hundes über Verhaltenskoppelung zu erregen, können Sie es auch mit direkter Stimmungsübertragung versuchen.

Zeigen Sie ihm beispielsweise welche grenzenlose Freude und Begeisterung dieses tolle und ganz besondere Dummy bei Ihnen hervorruft. Werfen Sie das Dummy dabei zum Beispiel übermütig und begeistert in die Luft und heben Sie es immer wieder auf. Hüpfen Sie dabei herum und freuen Sie sich riesig. Das wiederholen Sie einige Male.

Irgendwann zeigt fast jeder Hund ebenfalls Interesse an dieser für seinen Menschen offenbar so besonders interessanten Beute. Nimmt Ihr Hund das Dummy schließlich auf, sollten Sie ihm keine Zeit dazu lassen, selbst zu entscheiden, was er damit macht. Laufen Sie von ihm weg und motivieren Sie ihn dabei, Kontakt zu halten und Ihnen zu folgen. Fesseln Sie seine Aufmerksamkeit, zum Beispiel durch Händeklatschen oder freudiges „Hopp-Hopp“-Rufen.

Läuft Ihnen Ihr Hund begeistert mit dem Dummy im Fang nach und befindet er sich nah an Ihrer Seite, gehen Sie rasch in die Hocke und bieten ihm blitzschnell Futter im Tausch gegen das Dummy an.

3. Nachahmung und Konkurrenzverhalten nutzen

Hunde lernen auch sehr gut durch Nachahmung. Dies ist eine Eigenschaft, die Sie generell nutzen können. Lassen Sie Ihren Hund beispielsweise dabei zusehen, wie ein Familienmitglied oder ein anderer Hund das Dummy sucht, aufnimmt und Ihnen bringt. In dem Moment, in dem er sich ebenfalls am Geschehen interessiert zeigt, bekommt er die „einmalige“ Chance, das Dummy selbst zu holen. Oft kann hier das natürliche Konkurrenzverhalten des Hundes positiv genutzt werden.

Das Interesse ist GEWECKT

Jetzt geht's los

Ihr Hund interessiert sich für Dummys und nimmt sie auf? Dann können Sie damit beginnen, ihm im Alltag kleine Aufgaben zu stellen. So gestalten Sie die gemeinsame Zeit abwechslungsreicher.

TOLL: AUFGABE LÖSEN - BELOHNUNG VERDIENEN

Ihr Hund nimmt das Dummy gerne auf und nähert sich damit, um es gegen ein Leckerli zu tauschen. Jetzt können Sie die täglichen Fütterungszeiten interessanter gestalten. Stellen Sie ihm Aufgaben, bevor Sie ihm seinen Napf überlassen. So wird das Futterfassen für ihn zu einem Tageshöhepunkt. Denn eigentlich ist es total langweilig, sein Futter für nichts und wieder nichts zu bekommen. Erbringt der Hund jedoch vor dem Fressen eine Leistung, kommt das einem Sich-selbst-Belohnen gleich. Der Hund macht die Erfahrung: „Ich habe die Aufgabe gelöst und mir eine Belohnung verdient, jetzt bin ich zufrieden."

DUMMYHAUFEN AUFRÄUMEN

Sie stellen Ihrem Hund zur Fütterungszeit seinen vollen Napf erst dann zur Verfügung, wenn er zuvor sein Lieblingsdummy, das zwei bis drei Meter von Ihnen entfernt am Boden liegt, aufnimmt und zu Ihnen bringt.
So gehts: Legen Sie ein Dummy auf den Boden, stellen den Futternapf ein bis zwei Meter daneben und holen Sie Ihren Hund. Nun fordern Sie ihn auf, das Dummy zu bringen. Will er direkt zum Napf, unterbinden Sie das mit einem konsequenten „Nein!". Zeigen Sie dann wieder motivierend Richtung Dummy. Nimmt er es auf und bringt es zu Ihnen, wird der Futternapf sogleich freigegeben. Klappt das, können Sie bereits zwei Dummys auslegen, die er bringen darf. Hinlaufen, aufnehmen, herankommen und abgeben. Noch einmal mit einer in Richtung des zweiten Dummys weisenden Geste schicken und dann den Napf freigeben. Im Laufe der Zeit erhöhen Sie weiter die Stückzahl, sodass er vor jeder Fütterung erst einmal einen kleinen Dummyhaufen vorfindet, den es „aufzuräumen" gilt.

JEDES WIEDERSEHEN MACHT FREUDE

Sie können nun den Dummyhaufen in einem anderen Raum platzieren, sodass der Hund außer Sicht verschwindet. Wenn er dann mit dem Dummy um die Ecke kommt und Blickkontakt aufnimmt, zeigen Sie ihm, dass Sie sich riesig freuen, ihn wiederzusehen. Geben Sie ihm das Gefühl, wie toll es ist, ihn wieder an Ihrer Seite zu spüren. So belegen Sie zusätzlich die Kontaktaufnahme positiv.
Bei jedem weiteren zurückgebrachten Dummy steigern Sie Ihre Freude und sind zuletzt kaum noch zu bremsen. Sie schicken ihn noch einmal und noch einmal ins andere Zimmer, bis er alle Dummys herangebracht hat. Sie werden sehen, mit welcher Begeisterung Ihr Hund sich ins Zeug legen wird. Und das nicht nur, weil sein Futternapf auf ihn wartet, sondern weil sich Ihre euphorisch-freudige Stimmung auf ihn überträgt.

Tipp

ABWECHSLUNG SCHAFFEN
Unterschiedliche Dummys bringen noch mehr Abwechslung und Spannung in die täglichen Übungen.

Gassi-Gehen macht Spaß

Gassi-Gehen macht Hunden allgemein Spaß. Um ein Vielfaches beglückender ist es jedoch, wenn man diesen Spaß gemeinsam erleben kann. Machen Sie Schluss mit öden Spaziergängen!

SPAZIERENGEHEN MUSS NICHT LANGWEILIG SEIN

Beim Spaziergang lenken Umweltreize, insbesondere interessante Gerüche am Wegesrand, unsere Hunde von uns ab. Alles scheint interessanter und spannender zu sein als wir und es scheint nicht nur so, es ist auch so. An der Leine gibt es ein Ziehen und Zerren, ohne Leine wiederholtes Ermahnen, weil man die Kontrolle über den Hund nicht verlieren will, wenn er sich zu weit entfernt. Für beide Seiten keine angenehme Situation. Damit Spaziergänge für Sie beide erfreulicher verlaufen, bauen Sie Apportierübungen mit ein. Auf diese Weise konzentriert sich Ihr Hund auf Sie, sucht den Kontakt und ignoriert Ablenkungen dabei weitestgehend.

WIR GEHEN AUSWÄRTS ESSEN

Zur Fütterungszeit brechen Sie mit Ihrem Hund zu einem Spaziergang auf und lassen ihn dabei zusehen, wie Sie mehrere Dummys und seine Futterschüssel einpacken. Durch das Mitnehmen der Futterschüssel knüpfen Sie an das bereits durch die vorhergehenden Übungen installierte, funktionierende Belohnungssystem an. Suchen Sie sich am Anfang einen von anderen Menschen und Hunden wenig frequentierten Weg, damit Sie ungestört sind und Ihr Hund nicht durch Gerüche abgelenkt wird. Seine Aufmerksamkeit soll Ihnen gelten. Je besser es ihm gelingt, sich auf Sie zu konzentrieren, desto größer dürfen dann nach und nach auch die Ablenkungsfaktoren sein.

WEGE SIND TOLL Werden dem Hund auf dem Weg spannende Apportieraufgaben angeboten, rücken Wiesen und Felder in den Hintergrund.

HIN- UND HERSAUSEN MACHT HUNGRIG

Beginnen Sie wie folgt: Sie legen 5 bis 10 Dummys auf dem Weg ab und gehen zusammen mit Ihrem Hund einige Meter weiter. Dann stellen Sie die Futterschüssel zu Boden und lassen gut hörbar ein paar Leckerchen hineinfallen. Dadurch lenken Sie seine Aufmerksamkeit zusätzlich auf die in Aussicht gestellte Belohnung. Jetzt schicken Sie Ihren Hund zurück zu den Dummys. Schnell kommt er mit dem ersten Dummy angesaust, übergibt es Ihnen und darf die Schüssel leeren. Wieder lassen Sie einige Futterstückchen in die Schüssel fallen, schicken ihn erneut zum Dummy-Haufen und noch während er Richtung Dummys saust, gehen Sie schnell 10 bis 20 Schritte weiter, sodass sich sein Rückweg verlängert. Wiederholen Sie das Ganze bis alle Dummys gebracht wurden und das Futter verzehrt ist. Da Sie bei jedem Zurückschicken Ihres Hundes mindestens 10 Schritte weitergehen, läuft er beim 10. Dummy schon annähernd 100 Meter hin und 100 Meter zurück.

HURRA, BIN SCHON WIEDER DA

Wenn Ihr Hund den Ablauf verinnerlicht hat, erhält er seinen Futternapf erst nach dem letzten Dummy, damit er sich noch mehr beeilt, alle Dummys bei Ihnen abzuliefern. Als Nebeneffekt rückt der Weg vermehrt in seinen Fokus und er schenkt den Grünflächen links und rechts immer weniger Beachtung. Er ist damit beschäftigt, gemeinsam mit Ihnen spannende Aufgaben zu meistern.
Später können Sie dann auch auf Waldwegen üben. Lassen Sie Ihren Hund dabei gar nicht erst herumschnüffeln und sich in Geruchsspuren verlieren, sondern legen Sie gleich zu Beginn des Spaziergangs ein Dummy auf dem Weg aus. Damit bieten Sie ihm eine attraktive Alternative, Waldspaziergänge mit Suchen von Dummys in Zusammenhang zu bringen. Wie von selbst klammert er die Urinmarken von Artgenossen und selbst den Weg kreuzende Spuren von Wild aus.
Praktizieren Sie das konsequent, wird er schon bald „gesittet“ und entspannt auf dem Weg bleiben.

ANDERS als beim Stöckchenwerfen denkt der Hund beim Aufräumen von Dummyhaufen die ganze Zeit an seinen Sozialpartner.

KONTAKTÜBUNG
Spannender Spaziergang

[1]

[2]

[3]

[4]

[5]

[6]

[1 – 2] Martin legt einige Dummys ab, entfernt sich ein Stück und bringt „Socke" ins Sitz.

[3 – 5] Während Martin „Socke" zum Apportieren zurückschickt, geht er ein Stück weiter und ruft sie dann über eine Geste mit dem Dummy heran.

[6] Wieder schickt er sie los und geht ein Stück weiter. Das bewirkt, dass der Hund auch bei Distanzvergrößerung Kontakt hält und festigt zeitgleich das freudige Herankommen.

Aufmerksamkeit über Apportieren fördern

Lassen Sie Ihren Hund ein „Kindermädchen" spielen, das einerseits akribisch darauf achtet, dass Sie kein Dummy verlieren und sich andererseits diebisch darüber freut, weil dann getauscht werden kann.

AUF SIE ZU ACHTEN MACHT SINN

Dass Dummys wichtig sind und man sie während des Spaziergangs nicht einfach irgendwo liegen lässt, hat Ihr Hund bereits verinnerlicht und es würde ihm auch nicht mehr so leicht passieren. Das können Sie sich zunutze machen, um mithilfe der Dummys seine Aufmerksamkeit noch mehr auf sich zu lenken. Dazu müssen Sie ihn einfach nur die Erfahrung machen lassen, dass es gut ist, wenn er Sie im Auge behält. Denn es kommt immer wieder vor, dass Sie in Ihrer „Schusseligkeit" Dummys verlieren.

Diese Übung funktioniert folgendermaßen: Ausgerüstet mit einer Dummytasche, die mit mehreren kleinen, leichten Dummys aufgefüllt ist, marschieren Sie los. „Zufällig" fällt Ihnen eines aus der Tasche. Wenn Ihr Hund das bemerkt, wird er es sicher aufnehmen und Ihnen zutragen, was Sie mit riesiger Freude honorieren. Sollte er das Fallen des Dummys nicht bemerkt haben, bleiben Sie einfach nach ein paar Schritten stehen, machen kehrt und beginnen, intensiv den Weg in Richtung zum Dummy hin abzusuchen. Ihr Hund wird Ihr Verhalten bemerken, sich koppeln und ebenfalls suchen. Dazu muss Ihr Verhalten sehr deutlich die Botschaft „Ich suche etwas ganz Wichtiges" vermitteln (siehe Seite 60, Auslösefaktor Motivation).

HELFEN IST ERLAUBT

Falls er sich wider Erwarten nicht von sich aus an Ihre Aktion koppelt, können Sie ihm beim ersten Mal noch hilfreich unter die Arme greifen, indem Sie das Dummy „plötzlich" entdecken und ihn freudig auf den Fund aufmerk-

KLEINE HILFESTELLUNG Das erste Dummy lässt man noch sehr auffällig fallen ....

... damit der Hund es bemerkt und sogleich aufnehmen kann.

SPANNEND Franzl muss warten, Terrie wird geschickt …

sam machen. Dazu zeigen Sie in Richtung des Dummys und motivieren auf diese Weise Ihren Hund, auch dorthin zu schauen. In dem Augenblick, in dem er es wahrnimmt, wird er sicher sofort lossausen, es aufnehmen und zu Ihnen bringen. Und dann ist natürlich wie immer Tauschen angesagt.

AN IHRER SEITE BLEIBT ES SPANNEND

Sie können Ihren Hund auch eine Weile Bei Fuß gehen lassen oder kleine Stop-and-Go-Übungen – ausschließlich über Gesten – in den Spaziergang einbauen, bevor er zurücksuchen und apportieren darf. Interessiert er sich für die Dummys, vergrößern Sie nach und nach die Entfernung zum „verlorenen" Dummy.

Variante

Bleiben Sie spannend und „verlieren" Sie manchmal mehrere Dummys gleichzeitig. Dadurch lassen Sie einen kleinen Dummyhaufen für Ihren Hund auf dem Weg zurück, zu dem Sie ihn nun mehrmals zurückschicken. Dabei können Sie auch mal gemeinsam, sozusagen im Wettstreit, zurücklaufen und jeder kehrt mit seinem „erkämpften" Dummy zum Ausgangspunkt (siehe Seite 43, Bleib 2) – das ist der Ort, an dem Sie Ihre Dummytasche und/oder Leine abgelegt haben – zurück.

… und holt das erste Dummy aus dem Dummyhaufen. Franzls Steadiness wird gefestigt und Terrie hat Spaß am Apportieren.

Blickkontaktaufnahme verbessern

Die bewusste Blickkontaktaufnahme Ihres Hundes bewirken Sie nach wie vor mit einem Wegdrehen, kurz bevor er Sie mit dem Apportel erreicht. So geht die Initiative zur Kontaktaufnahme von ihm aus.

HERANKOMMEN UND BLICKKONTAKT-ÜBUNG

Übungen mit dem Dummy beim Spaziergang eignen sich ausgezeichnet dafür, die Blickkontaktaufnahme des Hundes zu verbessern.
Das können Sie wie folgt aufbauen: Wenn der Hund mit dem Dummy herangelaufen kommt, wenden Sie sich, kurz bevor er bei Ihnen ist, von ihm ab und entfernen sich noch einige Meter. Damit bewirken Sie, dass er „Gas gibt“, um aufschließen zu können. Spüren Sie ihn kurz hinter sich, gehen Sie in die Hocke, und kehren ihm dabei den Rücken zu. Das führt dazu, dass er um Sie herumlaufen muss, um Ihnen das Dummy anbieten zu können. Er sucht den Blickkontakt, nicht Sie.
Das wiederholen Sie einige Male: Mit dem Dummy in der Hand loslaufen, es fallen lassen, warten bis der Hund dicht hinter Ihnen ist und währendd Sie in die Hocke gehen darauf achten, dass er um Sie herumlaufen muss, um Ihnen das Dummy „verkaufen“ zu können. Das fördert ein schnelles Annähern und Kontaktaufnehmen des Hundes.

SPIELERISCHES BEI FUSS GEHEN

Ihr Hund hat inzwischen verstanden, dass es an ihm liegt, den Kontakt herzustellen, damit Sie bereit sind, zu tauschen. Diese Kontaktaufnahme können Sie jetzt dazu nutzen, ihn aus freien Stücken und unangeleint Bei Fuß gehen zu lassen. Sie müssen dazu nur das Tauschgeschäft hinauszögern und die Zeit bis zum Übernehmen des Dummys mit entsprechenden Übungen ausfüllen. Das üben Sie wie folgt: Kommt der Hund mit der Beute herangesaust, drehen Sie sich um, laufen einige Schritte von ihm weg und motivieren ihn, mit der Beute im Maul erst ein kurzes, dann ein längeres Stück neben Ihnen herzulaufen, bevor Sie in die Hocke gehen. Hinzu kommen Tempo- und Gangartwechsel. Mal schneller werden, dann wieder schleichen oder in einen fröhlichen Hopsa-Lauf übergehen.

KONTAKT **Dummy oder Futterschüssel, beides motiviert den Hund zum Kontakthalten.**

FRANZL IST GANZ BEI DER SACHE. **Trotz hoher Ablenkung konzentriert er sich auf Antons Geste und hebt auf Fingerschnippen das Dummy auf ...**

NICHT ÜBERTREIBEN

Übertreiben Sie nicht, sondern versuchen Sie einzuschätzen, wie lange der Hund bei der Sache bleiben kann. Es soll spielerisch und möglichst ohne Korrekturmaßnahmen passieren können.
Lässt der Hund das Dummy fallen, weil er sich nicht auf das Halten des Dummys konzentrieren kann, motivieren Sie ihn, es nochmal aufzunehmen und zu Ihnen zu bringen. Dann beenden Sie das Ganze mit überschwänglicher Freude und anschließendem Herumtoben.

GEMEINSAM SPASS HABEN

Bauen Sie Übungen wie diese spielerisch in Ihren Tagesablauf mit ein. Nicht zu oft, vielleicht ein- oder zweimal kurz zwischendurch. Und denken Sie immer daran, dass Sie das Ganze nicht nach strengen Apportierübungsregeln ablaufen lassen. Ihr Hund soll von sich aus Kontakt zu Ihnen aufnehmen und halten wollen. Ein beglückendes Gefühl, nicht nur für den Hund, sondern auch für Sie. Mich berührt der Blick in die strahlenden Augen eines Hundes, der Spaß dabei empfindet, gemeinsam mit seinem Menschen etwas zu machen.

... und lässt es dann im Tausch gegen Futter in Antons Hand fallen. So lernt Franzl nebenbei das Abgeben in die Hand.

Dummy aufnehmen - halten - abgeben

Es gibt eine ausgezeichnete Übung, um die innere Ruhe des Hundes zu vertiefen. Bringen Sie ihm bei, das Dummy so lange festzuhalten, bis er es Ihnen überlassen darf.

KULTIVIEREN SIE DAS ABGEBEN IN DIE HAND

In vielen spielerischen Aufgabenstellungen haben Sie Ihren Hund dazu motiviert, alles was er findet, aufzunehmen und sofort, schnell und gerne zu Ihnen zu bringen. Jetzt bringen Sie dem Hund bei, zuerst abzusitzen, bevor er Ihnen das Dummy in die Hand geben darf. Damit verinnerlicht er das Festhalten und Überlassen von Dummys noch deutlicher. Klappt das, verlängern Sie langsam den Zeitpunkt vom Absitzen bis zur Übergabe des Dummys.
Lassen Sie den Hund zum Beispiel mit dem Dummy im Maul dabei zusehen, wie Sie ein weiteres Dummy werfen, oder wie ein anderer Hund apportieren darf.
Auf diese Weise erreichen Sie höchste Konzentration und Selbstbeherrschung bei Ihrem Vierbeiner (siehe Seite 83, Steadiness).

Info

DEN RICHTIGEN ZEITPUNKT FINDEN
Wann der richtige Zeitpunkt dafür gekommen ist, dass Ihr Hund lernt, die Beute vor dem Abgeben so lange zu halten, bis das Signal fürs Loslassen gegeben wird, ist von seinem Entwicklungsstand abhängig. Bei manchen Hunden dauert das aufgrund jugendlicher Unruhe etwas länger, bei anderen funktioniert das bereits im Welpenalter problemlos.

DER HUND sitzt mit dem Dummy im Fang, bis Herrchen sich zu ihm beugt ...

... damit er das Dummy in die offene Hand übergeben kann.

HOHE SCHULE DES AUSGEBENS Mit einer Hand wird sanft die Brust berührt ...

... erst wenn die zweite Hand dazukommt, weiß der Hund, dass er übergeben darf.

AUFNEHMEN – SITZEN – HALTEN – ABGEBEN

Beginnen Sie folgendermaßen: Sie legen einige Dummys vor sich ab, zeigen und/oder schnippen (siehe Seite 75) in Richtung des Dummyhaufens. Während der Hund eines davon aufnimmt, motivieren Sie ihn über die Körpergeste und den Fingerzeig nach oben ins „Sitz“ (siehe Seite 39, Sitz). Jetzt führen Sie eine Hand unter das Maul Ihres Hundes und fassen erst dann mit der anderen zum Futterbeutel, holen ein Stück Futter hervor und gehen damit Richtung Maul. Der Hund wird das Dummy fallen lassen, um das Futter nehmen zu können. In dem Moment, wo er den Fang öffnet, sagen Sie mit freundlicher Stimme ein langgezogenes „Laaass“. Das wiederholen Sie, bis alle Dummys aufgehoben und auf diese Weise getauscht wurden. Der Laut „Laaass“ und die offene Hand unterm Maul des Hundes werden so zum Signal für das Ausgeben von Dummys und Gegenständen.

ERST DAS DUMMY, DANN DAS FUTTER

Beim Etablieren des Lautsignals „Laaass“ kann es sein, dass der Hund das Dummy zu früh fallen lässt. Das passiert dann, wenn Sie das Futter bereits vor dem Tauschen in der Hand halten und er schnell nach dem Leckerli greifen will.
Deshalb gewöhnen Sie sich folgenden Bewegungsablauf an: Zuerst führen Sie die eine Hand unter das Dummy im Maul des Hundes und greifen erst dann mit Verzögerung mit der anderen in den Futterbeutel. Arbeiten Sie dann als nächstes daran, kontinuierlich die Zeit des Haltens zu verlängern. Sitzt der Hund entspannt mit dem Dummy im Fang vor Ihnen, können Sie den Schwierigkeitsgrad auch noch dadurch erhöhen, dass Sie ihm vorsichtig über den Rücken, den Kopf oder die Brust streicheln, bevor Sie schließlich beide Hände unter das Dummy halten und es sich durch ein „Laaass“ geben lassen.

Wie mir Terrie etwas beibrachte

Damit mir mein Hund Terrie die Socken, das Handy oder ein Dummy nicht nur holt und vor die Füße spuckt, sondern stattdessen ruhig festhält, bis ich ihn um Herausgabe bitte, habe ich Folgendes mit ihm geübt. Meine Idee war, dass Terrie mit dem Dummy im Fang so lange vor mir sitzen bleibt, bis ich seine volle Futterschüssel auf den Boden stelle, ihm das Dummy abnehme und er danach fressen darf. Ich stellte ihm also den gefüllten Futternapf als Belohnung in Aussicht und ließ ihm die Zeit, selbst herauszufinden, wie er in den Genuss des Futters kommen kann. Die Schüssel in der Hand haltend, zeigte ich mit meiner anderen Hand auf das Dummy am Boden. Terrie nahm es auf, ließ es aber in dem Moment fallen, in dem ich die Schüssel auf den Boden stellte. Schnell nahm ich die Schüssel wieder hoch und wartete. Nach kurzem Überlegen hob Terrie das Dummy auf und setzte sich vor mich. Die Schüssel bewegte sich in Richtung Boden. Das Dummy fiel erneut – die Schüssel war wieder weg. So ging das eine ganze Weile. Terrie überlegte und überlegte. Es dauerte keine zehn Minuten bis er sich wieder mit dem Dummy im Fang erwartungsvoll vor mich hinsetzte. Ich nahm die Schüssel, um sie auf den Boden zu stellen. Erneut fiel das Dummy – die Schüssel war weg. Es brauchte noch eine Weile bis Terrie begriff, was er tun musste, damit ich das tue, was er wollte: Nämlich die Futterschüssel abstellen, ihm dann das Dummy abnehmen und den Futternapf für ihn freigeben. Er fand die Lösung und meinte nun, er hätte mir etwas beigebracht.

Stop-and-Go mit Dummy

Der Hund soll sich auf das Festhalten des Dummys konzentrieren, zeitgleich auf Ihre Gesten achten und entsprechend auf diese reagieren.

STOP-AND-GO UND KONTAKTHALTEN

Die Basis für Stop-and-Go-Übungen (siehe Seite 37) und für das Festhalten des Dummys bis zum Ausgeben haben Sie inzwischen gelegt. Jetzt nehmen wir eine weitere Konzentrations- und Kontaktübung dazu: Während Ihr Hund neben Ihnen herläuft, lassen Sie sein Lieblingsdummy zu Boden fallen. Hat er das Herabfallen nicht bemerkt, schnippen und/oder zeigen Sie kurz in Richtung Dummy. Während Sie weitergehen, nimmt der Hund es auf und läuft Ihnen damit nach, schließlich will er etwas dafür haben. Jetzt gehen Sie rasch in die Hocke und tauschen wie gewohnt mit einem Leckerli. Dann stehen Sie wieder auf und gehen zügig weiter. Der Hund wird an Ihrer Seite bleiben, denn er wartet darauf, dass das Dummy gleich wieder fällt. Beim nächsten Tauschen wird es etwas „förmlicher“. Sie bringen ihn ins „Sitz“ und er darf „gesittet“ ausgeben. Das wird von Ihnen mit einem herzlichen „Dankeschön“ und einem Leckerchen honoriert.

Konzentration und Kontakthalten verlängern

Nun konzentrieren Sie seine Aufmerksamkeit über einen längeren Zeitraum auf sich, indem er durch mehrfaches Stop-and-Go eine längere Strecke mit dem Dummy im Maul neben Ihnen bleiben soll. Keine leichte Aufgabe für Ihren Hund, gleichzeitig auf Ihre Gesten und das Festhalten des Dummys zu achten. Dehnen Sie die Übung auf Gebiete aus, in denen Ablenkungen durch andere Hunde, Radfahrer oder Jogger gegeben sind. Dabei muss der Hund jedoch im Sinne der Gefahrenabwehr notfalls binär korrigiert werden, wenn er versuchen sollte, sich zu entziehen.

KONZENTRATIONSSACHE Es ist gar nicht so leicht, sich auf Herrchens Gesten zu konzentrieren, wenn man dabei das Dummy nicht fallen lassen soll.

Ihr Hund – der tolle Helfer

Spannend bleibt es für Hunde, wenn die Aufgaben nicht wie bei normalen Trainingseinheiten einem vorhersehbaren Ablauf folgen, sondern sich spontan aus den alltäglichen Situationen ergeben.

KLEINE HIGHLIGHTS Sich nützlich machen vertreibt Langeweile.

IHR PERSÖNLICHER HELFER

Hat Ihr Hund Gefallen daran gefunden, Dummys auch länger zu tragen, können Sie dazu übergehen, dass er zum Beispiel einen speziellen (seinen) Korb, gefüllt mit Dummys, vom Auto zur Aktionswiese trägt. Ein angenehmer Nebeneffekt: Stolz und in freudiger Erwartung auf die jetzt folgenden Aufgaben wird Ihr Hund dabei wie selbstverständlich sein Umfeld vergessen, da Radfahrer, Jogger oder Artgenossen als momentan uninteressant ausgeklammert werden. Zuhause können Sie ihm auch Ihre Post in seinen Korb legen und ihn zu Ihrem persönlichen Briefträger machen, oder ihn auffordern, Ihre Einkäufe mit ins Haus zu tragen und ihm dabei vermitteln, welch unersetzliche Hilfe er für Sie ist. Bestätigen Sie ihn jedes Mal darin, wie toll er das macht.

DUMMY AUFNEHMEN ÜBER FINGERSCHNIPPEN UND „JA“

Wollen Sie die Bereitschaft Ihres Hundes, Dummys aufzunehmen und zu tragen, dahingehend erweitern, dass er auch andere von Ihnen definierte Gegenstände aufnimmt, gehen Sie am besten so vor: Konzentrieren Sie ihn zuerst auf sich. Dann werfen Sie sein Lieblingsdummy mit einer lockeren Handbewegung etwa einen halben Meter vor sich hin. Der Hund wird dem Bewegungsreiz folgen und nach dem Dummy greifen. Exakt in dem Moment, in dem er ansetzt, es zu fassen, zeigen

DAS DUMMY fällt zu Boden, jetzt Schnippen und mit dem Zeigefinger darauf zeigen.

KEINE ZEIT FÜR KATZEN **Wenn Emma einen Korb im Maul hat, übersieht sie sogar Katzen und Hühner freiwillig.**

Sie mit dem Zeigefinger auf das Dummy und schnippen dabei mit Daumen und Mittelfinger. Außerdem bestätigen Sie möglichst zeitgleich das Aufnehmen des Dummys mit einem freundlichen „Jaaa!".
Jetzt folgt rasches formloses Tauschen. Unser Fokus ist bei dieser Übung darauf ausgerichtet, mit dem Hund ein Signal für das Aufnehmen eines von Ihnen definierten Gegenstandes zu vereinbaren.
Nach wenigen Wiederholungen legen Sie mehrere Dummys in einer Reihe aus. Da Sie sie nicht werfen, sondern hinlegen, fehlt jetzt der Bewegungsreiz. Nun wird der Hund, wie zuvor beschrieben, bei jedem Dummy durch Fingerzeig und Schnippen dazu aufgefordert, das jeweilige Dummy aufzunehmen. Wieder ertönt zeitgleich das „Jaaa" als Bestätigung, wenn er aufnimmt.

VOM „JA" ZUM „NIMM"

Als Nächstes wird das freudige „Jaaa" ebenso freudig durch das Lautsignal „Nimm" – breit artikuliert als „Niiiem" – ersetzt. Schließlich können Sie einmal durch Schnippen, das andere Mal mit „Nimm" oder durch beides zusammen das Aufnehmen des Dummys bewirken.
Als weiteren Schritt versuchen Sie nun, ob Ihr Hund jetzt auch ein Dummy aus Ihrer Hand entgegennimmt, wenn Sie es ihm vor die Schnauze halten und dabei das Lautsignal „Niiiem" verwenden. Nimmt er es nicht sofort, können Sie das „Nimm" auch durch die Kombination von Fingerzeig und Schnippen verstärken. Dabei halten Sie das Dummy mit der einen Hand und schnippen mit der anderen.

VOM DUMMY AUFNEHMEN ZUM KORB TRAGEN

Wenn das alles klappt, ist der richtige Zeitpunkt für den letzten Schritt gekommen, der den Dummyträger auch zum Korbträger macht. So wie sich ein Übergang von „Jaaa“ zu „Niiiem“ herstellen ließ, lässt sich auch ein Übergang vom Dummy zum Korb oder anderen Gegenständen bewerkstelligen. Das geht ganz einfach: Sie halten Ihrem Hund einen Korb vor die Schnauze und sagen mit freundlich motivierender Stimme „Niiiem“. Das wird klappen, wenn er zuvor bereits reflexartig auf das Lautsignal „Niiiem“ Dummys aus Ihrer Hand übernommen hat.

DER HUND HEBT ALLES AUF WAS SIE MÖCHTEN

So gehen Sie vor: Sie legen mehrere Dummys in zwei Meter Abstand zueinander in einer Reihe aus. Jetzt gehen Sie mit Ihrem Hund diese Reihe ab und lassen ihn auf Signal Dummy für Dummy aufheben. Wiederholen Sie das alle paar Tage, damit sich ein Automatismus beim Aufnehmen ergibt. Funktioniert das reibungslos, legen Sie immer nach ein paar Dummys einen Fremdgegenstand ab, den er gut aufnehmen kann. Eine Socke, einen Schuh, eine alte Zahnbürste oder einen Kugelschreiber. Legen Sie im weiteren Verlauf immer „neue“ Gegenstände dazu. Will er bestimmte Gegenstände nicht aufnehmen, halten Sie sich nicht mit diesen auf. Übergehen Sie sie einfach und lassen Sie sie in den weiteren Übungen erst einmal weg. Sie können später ihre Form, ihren Eigengeschmack etc. überdenken. Daraus wird vielleicht ersichtlich, was Ihren Hund davon abgehalten hat, sie ins Maul zu nehmen.

Konzentrieren Sie sich jetzt erst einmal ausschließlich darauf, auf Ihr Signal hin ein schnelles reflexartiges Aufnehmen unterschiedlichster Dinge zu bewirken. Es muss schnell gehen, damit der Hund gar nicht zum Nachdenken kommt. Schnipp, „Nimm“ und weiter zum nächsten Gegenstand.

Nach fünf bekannten Lieblingsgegenständen folgt ein unbekannter Fremdgegenstand. Damit setzt eine Gewöhnung beim Hund ein, unterschiedlichste Dinge ins Maul zu nehmen.

SCHNIPP UND NIMM Das Aufnehmen des Dummys erfolgt auf Fingerschnippen und „Nimm“. Das kann manchmal hilfreich sein, wenn man beide Hände voll hat.

PRIVATSCHWESTER EMMA Als Anton durch eine Sportverletzung auf Krücken angewiesen war, wurde ihm so richtig bewusst, wie toll es ist ...

„AUFHEBEN-SPIEL" KLAPPT ÜBERALL

Wenn diese Übung temporeich gestaltet wurde, nimmt der Hund ganz automatisch alles auf und übergibt es Ihnen, ohne dass Sie ihn noch groß dazu auffordern müssen. Ob Leine, Hundedecke oder eine Münze, er wird sie Ihnen reichen. Nach einiger Zeit ist es dann so weit, dass er Ihnen sogar ein weggeworfenes Wurst-Brötchen zum Tausch anbietet, anstatt sich damit aus dem Staub zu machen.

Meine Hunde lieben das „Aufheben-Spiel"

Wenn mich ab und an meine Bandscheibe quält, ist es äußerst angenehm, wenn einer meiner Hunde mir zur Hand geht und ich mich nicht bücken muss, wenn mir etwas zu Boden fällt. Oft scheint es mir, als würden sie sich fast darum streiten, wer den Gegenstand aufheben und mir in die Hand geben darf. Auch wenn immer nur einer das Gewünschte aufheben kann, stecke ich natürlich jedem von ihnen ein Leckerli zu. Dem einen für seine Dienste, den beiden anderen als Trost fürs Zuschauen-Müssen.

Gleichzeitig baue ich gerne eine Übung mit ein, die der Ruhe und Konzentration dient. Dazu motiviere ich alle drei Hunde ins „Sitz", lasse mir von dem einen den Gegenstand in die Hand legen und erst dann gibt's für alle drei der Reihe nach die Belohnung. Anschließend werden die Hunde einzeln und nacheinander aus dem „Sitz" entlassen. Meistens bleiben sie im Anschluss sogar noch kurz in meiner Nähe, um ein eventuelles Zusatzleckerchen nicht zu verpassen. Sie wissen ganz genau, dass es von Vorteil ist, sich in meiner Nähe aufzuhalten und den Kontakt zu suchen.

Tipp

AM ENDE WARTET DER „JACKPOT"

Wenn Ihr Hund für den letzten Gegenstand in der Reihe immer seinen Futternapf als „Jackpot" erhält, vermitteln Sie ihm diesen als besonders lohnenswert. Sie können dort den entsprechenden Gegenstand platzieren, der Ihnen zum Aufheben wichtig ist.

... einen perfekten Servicehund als Familienmitglied zu haben. In dieser Zeit war Emma immer gut ausgelastet und sehr zufrieden.

Hilfe, mein Hund will immer tauschen!

Hat Ihr Hund gelernt, nach Ihnen duftende Gegenstände zu apportieren und für Futter mit Ihnen zu tauschen, wird er diese unter Umständen auch aufnehmen, ohne dass er dazu motiviert wurde. Das könnte dazu führen, dass er Ihnen im heimischen Bereich alle erdenklichen Dinge anschleppt. Hier stellt sich die Frage: „Müssen Sie jetzt jedes Mal tauschen?“ Nein, natürlich nicht! Schleppt Ihr Hund Ihnen solch eine Beute an, ignorieren Sie dies jedes Mal konsequent. So ist es bald nicht mehr lohnenswert für ihn, alles Mögliche heranzutragen und er wird es einstellen.

Wenn Sie dabei jedoch den kommunikativen Aspekt berücksichtigen, sollten Sie in Erwägung ziehen, dass Ihnen der Hund entweder bewusst etwas mitteilen will, oder einfach aus einer Laune heraus den Kontakt zu Ihnen sucht. In beiden Fällen bietet Ihnen der Hund etwas an. Was spricht jetzt dagegen, diesen Moment zu nutzen, um mit ihm spontan ein Empfindungsspiel zu initiieren oder ein Dummy hervorzuzaubern und eine spannende Suchaufgabe zu stellen? Seien Sie spontan und kreativ!

KINDERSPIELZEUG IST TABU

Herumliegendes Kinderspielzeug kann zu Konflikten zwischen Kind und Hund führen, wenn der Hund zum Beispiel „Gruppenorganisierende Verhaltensmuster“ (siehe Seite 17) zeigt. Hier können gerade Kleinkinder die Gefährlichkeit der Situation nicht erfassen. Tabuisieren Sie vorsichtshalber das Kinderspielzeug wie folgt: Legen Sie Spielsachen und Dummys aus. Nun schicken Sie im Wechsel Kind (entsprechender Entwicklungsstand vorausgesetzt) und Hund „zum Apportieren“. Dabei wird das Kinderspielzeug in einer Kiste gesammelt und die Dummys wandern in die Dummytasche.

Geht der Hund Richtung Kinderspielzeug, wird er binär mit einem „Nein“ korrigiert und mit einer motivierenden Geste Richtung Dummy geschickt. Analog verfahren Sie mit Ihrem Kind, indem Sie es sanft auf das Spielzeug umlenken. So lernt das Kind spielerisch Objekte differenzieren, aufräumen und – wichtig – den Hund in Ruhe zu lassen, wenn dieser einen Knochen kaut oder ein Dummy im Maul hat.

Vom Hin-und-Her-Rennspiel zu Botengängen

Weitere kleine Aufgaben, die Ihr Hund spielerisch lösen kann, sind zum Beispiel Botengänge.

Die Basis dazu haben Sie bereits mit dem „Hin-und-Her-Rennspiel“ (siehe Seite 36) gelegt. Jetzt nehmen Sie im „Hin-und-Her-Rennspiel“ zunächst ein Dummy mit dazu und festigen damit das Verständnis des Hundes für die Aufgabe „Botengang“.

HIN-UND-HER-RENNSPIEL MIT DUMMY

Das könnte so aussehen: Sie und eine dem Hund vertraute Person, nennen wir sie der Einfachheit halber Anton, stellen sich in einem Abstand von 10 bis 20 Metern gegenüber auf. Sie haben beide einige Dummys vor sich am Boden liegen. Sie fangen an und bringen Ihren Hund über Fingerschnippen dazu, eines der Dummys aufzunehmen. Dann schicken Sie ihn mit einer deutlich in Richtung Anton weisenden Geste los. Gleichzeitig lenkt Anton die Aufmerksamkeit des Hundes durch ein freundliches „Honululu“-Rufen und ein „In-die-Hocke-Gehen“ auf sich.
Der weitere Ablauf folgt wie gehabt: Dummy in die Hand legen lassen, tauschen und mit Futter oder Schmusen belohnen. Dann deutet und schnippt Anton auf eines seiner Dummys und schickt den Hund mittels richtungsweisender Geste mit dem Dummy zurück zu Ihnen. Sie schicken den Hund so lange hin und her bis alle Dummys ihren vorherigen Besitzer gewechselt haben.
Jetzt lassen Sie den Hund einfach nur aus Jux und Tollerei hin und her rennen und immer, wenn er bei einem von Ihnen beiden ankommt, hüpft dieser mit ihm kurz umher, um ihn dann noch einmal zum Partner zu schicken.

LASSEN SIE IHRER FANTASIE FREIEN LAUF

In einer Variation dieser Übung hat nur eine Person, zum Beispiel Anton, einige Dummys vor sich liegen. Er schickt den Hund mit dem ersten zu Ihnen. Sie nehmen es ohne den Hund zu belohnen in Empfang und schicken ihn augenblicklich zurück zu Anton. Der hat bereits Futter in der Hand, um den Hund zu belohnen. Jetzt folgt das nächste Dummy und so weiter.
Eine weitere Steigerung in der Anforderung an den Hund, besteht darin, dass derjenige, von dem der Hund gerade loslief, einige Schritte rückwärts geht und sich dadurch vom anderen entfernt. Auf diese Weise wird die Wegstrecke, die der Hund zwischen den beiden Personen zurücklegen muss, immer größer.
Wenn der Hund 10 Botengänge von jeweils 100 Metern erledigen durfte, hält ihn das nicht nur fit, es gestattet auch dem eher zur Kurzstrecke neigenden Hundebesitzer bequem seinem Hund den nötigen Mindestauslauf zu ermöglichen.
Eine weitere Aufgabe macht die Sache für den Hund noch spannender. Er soll Ihnen das Dummy überbringen, obwohl Sie sich in einem anderen Raum befinden als Ihr Übungspartner Anton. Die ersten Male machen Sie sich noch durch einen Laut bemerkbar. Dieser wird zum Auslöser für Ihren Hund, loszulaufen. Dabei wird er alle seine Sinne einsetzen, damit er Sie findet. Auge, Nase und Ohr spielen jetzt zusammen. Bei Ihnen angekommen folgt Tauschen oder ein Zurückschicken zu Anton, der ihn für seinen Botengang entlohnt.

BOTENGÄNGE MACHEN SPASS

Jetzt haben Sie eine ausgezeichnete Basis gelegt. Diese Dienstboten-Aufgaben für den Hund lassen sich auf die übrigen Familienmitglieder und auf alle möglichen Gegenstände ausdehnen.
Sie lassen den Hund über Fingerschnippen und darauf deuten eine Socke im Kinderzimmer aufnehmen und schicken ihn damit zu Oma, die im Bad die Waschmaschine befüllt. Sie können Ihrem Hund auch das Terminbuch, eine Zeitung oder den Autoschlüssel durch ein „Nimm" (siehe Seite 81) in den Fang nehmen lassen und damit Richtung Opa losschicken. Je nachdem, wie es abgesprochen ist, gibt's die Belohnung entweder vom Empfänger oder dieser schickt den Hund zurück zum Absender, damit er dort seine Belohnung einfordern kann.

Über Botengänge können Sie viele Aspekte fördern

Diese Übungen fördern mehr Aspekte, als man auf den ersten Blick erkennt: Durch das gemeinsame Tun wird ein positives Gruppengefühl erzeugt, schnelles Herankommen wird gefördert, es verlängert die Konzentrationsdauer Ihres Hundes bei Aufgabenstellungen, es verbessert das Kontakthalten auch nach dem Abgeben des Dummys, Sie beziehen die Familie mit ein und trainieren Kontrolle über den Hund, obwohl alles nur wie ein Spiel aussieht.

Steadiness schafft INNERE RUHE

Apportieraufgaben mit Steadiness-Faktor

Hier stelle ich Ihnen spannende Apportier- und Suchaufgaben vor, durch die Ihr Hund lernt, noch stärker auf Sie zu achten und wie selbstverständlich in Ihrer unmittelbaren Nähe zu bleiben.

Dabei wird das Areal, auf dem Sie sich zusammen befinden, zur gemeinsamen Aktionsstätte. Ähnlich wie bei den Apportieraufgaben, die auf den Wegen stattfanden, kennt Ihr Hund schon, dass die Flächen links und rechts dabei in den Hintergrund treten. Jetzt erfährt er, dass in von Ihnen festgelegten Gebieten spannende Aufgaben auf ihn warten. Mit der Zeit wird er dadurch andere Gebiete als uninteressant ausklammern. Wenn Sie in diesem Prozess auch noch Emotionswechsel von Ruhe und konzentrierter Spannung im Hund bewirken – vergleichbar mit einem Musiker, der sein Publikum durch dynamisches Spiel, das zwischen schnell und langsam, laut und leise hin- und herwechselt – wird Ihnen Ihr Hund wie ein Musikfan von Konzert zu Konzert folgen und darauf bedacht sein, keine Ihrer „Veranstaltungen" zu versäumen. Viele der nachfolgenden Aufgaben lassen sich jedoch nur bewerkstelligen, wenn Ihr Hund zu Beginn ruhig sitzen bleibt und darauf wartet, aktiv werden zu dürfen. Er soll dabei hoch konzentriert beobachten, wo ein Dummy hingebracht wird oder in welche Richtung eine zu suchende Person verschwindet, bevor er dann zum Suchen freigegeben wird. Diese Ruhe im Hund, die sogenannte Steadiness, sollte am besten bereits im Alltag bewusst gefördert werden.

STEADINESS Franzl und Terrie haben verstanden, dass sie die Dummys, die Anton gleich versteckt, nur dann suchen dürfen, wenn sie brav warten, bis er wieder zurück ist.

FEHLENDE STEADINESS IST OFT HAUSGEMACHT

Im täglichen Miteinander gibt es viele Situationen, in denen ein Hund in einen hohen Erregungszustand kommt und er dann ganz aus dem Häuschen ist. Da genügt oft schon der Griff zum Haustürschlüssel oder zu Halsband und Leine und der Hund springt erregt winselnd um einen herum, denn er weiß, jetzt geht's gleich los. Wohin auch immer ist ihm egal, Hauptsache jetzt ist „Action" angesagt. Auch die Türklingel bewirkt bei vielen Hunden, dass sie sich fast nicht mehr „einkriegen" und sich ihr Gebell dann nur schwer abstellen lässt. Oft setzt sich diese gesteigerte Erregbarkeit sogar außer Haus noch fort. Da ist der Artgenosse, zu dem der Hund sofort hinrennen will, die Katze, der Hase oder der über den Rasen rollende Ball der Kinder. Haben Hunde nicht gelernt, sich zu zügeln, werden sie mehr und mehr zum unkontrollierten Spielball ihres Umfeldes. Hier ist der Mensch gefragt, der seinem Hund durch erzieherische Maßnahmen und entsprechende Übungen hilft, Reizen aus dem Umfeld mit mehr Ruhe zu begegnen.

STEADINESS VOR DEM FRESSEN **Brav warten die drei, bis sie fressen dürfen.**

STEADINESS-ÜBUNGEN IM ALLTAG

Es gibt Steadiness-Übungen im Alltagsgeschehen, mit deren Hilfe Sie die Erregungszustände Ihres Hundes mindern können. Eine Möglichkeit als Beispiel dafür ist die Fütterungszeit, denn der Griff zur Futterschüssel erregt fast jeden Hund. Genau hier können Sie ansetzen und mithilfe von Sitz-und-Warte-Übungen seine Erregbarkeit mindern.

Der erste Schritt in jeder der nachfolgenden Übungsvarianten ist immer, dass Sie Ihren Hund ins „Sitz" motivieren, dann:

1) stellen Sie die Futterschüssel vor Ihrem sitzenden Hund ab und lassen ihn erst nach einer einen langen Augenblick dauernden Blickkontaktaufnahme fressen.

2) entfernen Sie sich, warten kurz, gehen zu Ihrem Hund zurück und belohnen ihn mit einem Futterstückchen aus seiner Futterschüssel. Als Steigerung vergrößern Sie Abstände und Zeitspanne langsam.

3) entfernen Sie sich mit der Futterschüssel und einer deutlichen Warte-Geste, damit der Hund Ihnen nicht nachfolgt. Dann stellen Sie die Schüssel ab, rufen den Hund aus der Sitz-Position zu sich heran, motivieren ihn wieder ins „Sitz", warten den Blickkontakt ab und geben die Schüssel zum Fressen frei.

4) stellen Sie die leere Futterschüssel vor ihm ab, entfernen sich, um mit Futter wiederzukommen, das Sie dann in den Napf geben. Nach Blickkontaktaufnahme geben Sie die Schüssel zum Fressen frei.

5) stellen Sie die Futterschüssel ab, entfernen sich mit Ihrem Hund noch ein paar Schritte von der Schüssel und bringen ihn ins „Sitz". Nach Blickkontaktaufnahme geben Sie den Hund mit einer entsprechenden Geste frei, die signalisiert: Jetzt darfst Du zu deinem Napf laufen.

STEADINESS
Zuschauen belohnen

[1–3] Sichtig für Franzl wirft Anton Dummy 1 in die eine und Dummy 2 in die entgegengesetzte Richtung. Nun wird Franzl zum Apportieren geschickt.

[4–6] Franzl kommt zurück, wird nach dem Tauschen ins Sitz gebracht und soll zusehen wie Anton Dummy 2 selbst holt, es zu ihm bringt und ihn für das Zuschauen belohnt.

NUR ÜBER GESTEN **übermittelt Anton seinem Franzl, dass er sitzen, warten und sich zusätzlich auf das Dummy konzentrieren soll ...**

STEADINESS MIT ABLENKUNGSFAKTOREN

Klappt das Sitzen und Warten, bis der Hund an die Futterschüssel darf, können Sie die Sache noch spannender gestalten. Bringen Sie den Hund über die Sitzgeste ins „Sitz“. Dann stellen Sie die volle Futterschüssel vor ihm ab und werfen ein Dummy zwei bis drei Meter von sich entfernt auf den Boden. Währenddessen soll der Hund ruhig im „Sitz“ verweilen und Ihnen dabei zusehen.
Jetzt gehen Sie zu dem Dummy, nehmen es auf, tragen es zurück zu Ihrem Hund und legen es bei ihm ab. Als Belohnung für seine Steadiness folgt nun – wie bereits gelernt – nach einer kurzen Blickkontaktaufnahme, die Freigabe des Napfes durch Ihren Fingerzeig auf den Napf.

Diese Übung können Sie folgendermaßen modifizieren: Anstelle nur eines Dummys werfen Sie jetzt zwei. Zuerst holen Sie eines der Dummys, während der Hund zusieht, bringen es zu ihm zurück und belohnen ihn fürs Warten. Dann darf er auf Signal das zweite Dummy apportieren. Bestehen Sie beim Ausgeben auf kultiviertes Übergeben des Dummys, bevor der Hund fressen darf. Spuckt er es vor Ihnen auf den Boden, fordern Sie ihn sofort durch Fingerzeig und/oder Lautsignal auf, das Dummy nochmals aufzunehmen und es Ihnen „ordentlich“ zu übergeben (siehe Seite 71).

STEADINESS AUCH BEIM SPAZIERGANG

Sie legen während des Spaziergangs auf dem Weg ein Dummy ab, gehen dann mit dem Hund an Ihrer Seite noch 10 Meter weiter und bringen ihn ins „Sitz“. Dann laufen Sie weitere 10 Meter und legen hier ein zweites Dummy ab. Jetzt kehren Sie zum Hund zurück, gehen an ihm vorbei und lassen ihn zusehen, wie Sie weitergehen und das erste Dummy einsammeln. Angepasst an sein Maß an Steadiness können Sie dabei entweder richtig lossausen oder sich eher gemächlich verhalten – und über Ihre Körpersprache den Hund zügelnd – Richtung Dummy bewegen. Zurück beim Hund wird er fürs Warten belohnt, denn jetzt darf er auf Signal das zweite Dummy bringen. Der hier beschriebene Übungsaufbau fördert außerdem die Bogenreinheit des Hundes, denn das Apportieren bleibt auf den Weg begrenzt. Dazu ausführlicher im nächsten Kapitel.

HERANRUFEN MIT APPORTIEREN

Mit dieser Übung fördern Sie Ruhe und Konzentration bei Ihrem Hund und setzen bereits bestehende Übereinkünfte (zum Beispiel das Herankommen nach einem In-die-Hocke-gehen) abwechslungsreicher ein. Motivieren Sie Ihren Hund ins „Sitz“ und entfernen Sie sich

... und dann auf die Herankommensgeste lossausen und – wenn möglich – das Dummy dabei mitbringen soll.

mit einem Dummy in der Hand ein paar Schritte von ihm. Dann lenken Sie seine Aufmerksamkeit auf das Dummy und lassen es für ihn deutlich sichtbar zu Boden fallen. Sie entfernen sich noch ein paar Schritte weiter, sodass das Dummy auf der Verbindungslinie zwischen Ihnen und dem Hund liegt. Nach Blickkontaktaufnahme gehen Sie in die Hocke und geben dadurch das Signal für das Herankommen. Und jetzt wird's spannend.

Nimmt er oder nimmt er nicht?

Nun zeigt sich, ob Ihr Hund, wenn er auf Sie zuläuft und am Dummy vorbeikommt, dieses von sich aus aufnimmt, oder ob er so darauf bedacht ist, mit Ihnen in direkten Kontakt zu kommen, dass er das Dummy ignoriert. Apportier- oder Jagdhunde generell können fast gar nicht anders, als das Dummy beim Herankommen gleich mitzunehmen. Nimmt Ihr Hund das Dummy unterwegs nicht auf, freuen Sie sich dennoch riesig darüber, dass Sie ihm wichtiger sind als ein Dummy. Fixieren Sie sich nicht auf das Apportieren, sondern genießen Sie es, dass Ihr Hund so intensiv Kontakt hält.
Nachdem Sie kurz mit ihm geschmust haben, stehen Sie auf, laufen in Richtung Dummy und motivieren ihn dieses aufzunehmen. Dann tauschen Sie wie immer und tollen als zusätzliche Belohnung noch ein wenig mit ihm herum.
Diese Versuchsanordnung kann auch mit mehreren Hunden parallel stattfinden. Hier zeigt sich dann schnell, wer von den Rabauken steady bleibt und erst auf Signal losläuft und wer sich vom Eifer eines anderen Hundes mitreißen lässt.

MIT „BLEIB 2" ZUM RUHIGEN WARTEN

Bei „Bleib 2" (siehe Seite 43) benutzen Sie die Leine als passives Signal mit Symbolcharakter. Das signalisiert dem Hund, dass jetzt eine Aufgabe folgt und ermöglicht ihm, sich darauf einzustellen. Als Symbol codiert die auf dem Boden abgelegte Leine für zwei Übereinkünfte. Erstens definiert die Leine den Ausgangspunkt, an dem der Hund zu warten hat, bis ihm nach einem entsprechenden Signal von Ihnen gestattet wird, zu apportieren. Zweitens definiert sie den Treffpunkt oder Sammelplatz, an den er immer wieder mit den eingesammelten Dummys zurückkehrt, um dann seine Belohnung in Empfang nehmen zu können.

So können Sie üben: Sie bringen Ihren unangeleinten Hund ins Sitz und markieren den Platz, indem Sie die Leine neben ihn auf den Boden legen. Dann gehen Sie zwei bis drei Schritte nach vorne und legen einige Dummys nebeneinander ab.
Bleibt er ruhig und beobachtend sitzen, gehen Sie sofort zu ihm zurück und belohnen ihn zunächst für das ruhige Sitzenbleiben mit Futter.

STEADINESS Vor den Hunden wurde in ca. 1 Meter Abstand jeweils ein Dummy abgelegt. Sie warten auf das Startsignal.

Tipp

IMMER ZURÜCK ZUM AUSGANGSPUNKT
Wenn Sie Apportierübungen immer am Ausgangspunkt beenden, also dort, wo die Leine liegt, und Sie die apportierten Dummys sammeln, dann lernt der Hund, sich immer zu einem bestimmten Punkt und zu Ihnen zurück zu orientieren.

Erst Dummys auslegen und selbst holen ...

Macht Ihr Hund Anstalten, seinen Platz zu verlassen, können Sie die Binärsprache einsetzen. Durch deutliche Körpergesten und mit einem schnellen Wechsel Ihrer Stimmung über „Nein" und „Ja" vermitteln Sie ihm, dass er nicht aufstehen, sondern in der Sitzposition bleiben und warten soll. Die ausgelegten Dummys sammeln Sie auf jeden Fall alle erst einmal selbst ein. Immer wenn Sie wieder zu Ihrem Hund zurückkommen, legen Sie ein Dummy an der Leine ab und geben ihm Futter. So rückt die Stelle, an der die Leine liegt, in seinen Fokus. Schnell versteht er, das Warten an dem Ort, an dem die Leine liegt, ist lohnenswerter, als diesen Platz zu verlassen und dadurch Ihren Unmut herauszufordern. Jetzt können Sie schrittweise die Distanz zwischen Hund und Dummys erhöhen. Erst wenn er zuverlässig und möglichst entspannt im Sitz wartet und zusieht, wie Sie sich entfernen und wieder zurückkommen, lassen Sie ihn nach Blickkontaktaufnahme Dummys apportieren. Entfernen Sie sich beim Auslegen der Dummys jedoch nur so weit, dass Sie ihn noch gut über Ihre Gesten unter Kontrolle haben.

APPORTIERWETTLAUF Schnell die Dummys aufnehmen. Wer darf als Erster tauschen?

... dann die Reizlage erhöhen

Klappt das, werfen Sie für Ihren Hund sichtig mehrere Dummys. Achten Sie dabei darauf, dass Sie ihn durch Ihr Verhalten und die Bewegungsreize nicht zu sehr in Spannung versetzen. Sind alle Dummys geworfen, dann holen Sie immer abwechselnd ein Dummy. Mit der Zeit können Sie die Reizlage erhöhen, indem Sie „spannender" werfen. Auch beim Aufsammeln der Dummys entfernen Sie sich anfangs ruhig und gelassen, dann immer erregter und temperamentvoller. Ist der Hund an der Reihe, wird er von Ihnen erst dann losgeschickt, wenn er sich zuvor auf den Blickkontakt mit Ihnen konzentrieren ließ. Mit dieser Übung mindern Sie konkurrierendes Verhalten und bewirken, dass er den Aktionen anderer gelassener zusieht.

STEADINESS-PROFIS
Gelernt ist gelernt

ALLE DER REIHE NACH Franzl hat bereits apportiert, Emma darf jetzt apportieren, während Terrie noch auf seinen Einsatz wartet.

KONZENTRIERTES WARTEN Alle drei warten gespannt darauf, wer als erster das Dummy abgeben und dann fressen darf.

ZUERST DIE KLEINEN Terrie als Kleinster hat den Vorrang. Er darf vor Emma an die volle Futterschüssel.

AM ENDE FRANZL Da Franzl in der Pubertät ist, achtet Anton besonders darauf, dass er lernt, sich zu beherrschen.

ZWIEGESPRÄCH Freudig spannende Gestimmtheit bei Mensch und Hund.

AUSDRUCKSVERHALTEN ZEIGT INNERE GESTIMMTHEIT

Am Ausdrucksverhalten Ihres Hundes erkennen Sie, in welchem emotionalen Zustand er sich befindet. Sie sehen seine innere Gestimmtheit, die er Ihnen deutlich kommuniziert.

Steadiness, also Ruhe, kann ein Hund immer aus der Sicherheit heraus zeigen, dass er weiß, was ihn gleich erwartet.

Kennen Sie das? Ihr Hund soll im Sitz konzentriert auf die nun folgende, spannende Aktion warten. Er legt sich jedoch immer wieder hin oder steht wiederholt aus dem Sitz auf. So wie es scheint, ist er nicht ausgeglichen genug, um sich auf Ihr gemeinsames Tun zu konzentrieren. In diesem Fall müssen Sie etwas dafür tun, dass er ruhig und steady sitzen bleiben kann, zum Beispiel durch leichtere oder veränderte Aufgabenstellungen.

Vollziehen Sie einen kommunikativen Abgleich mit seiner Befindlichkeit, damit Sie einen entspannten Gefühlszustand bei ihm erreichen.

KLARER SIGNALFLUSS Voll konzentriert achtet Atze auf jede Geste von Jeannette. Er weiß ihre Gesten richtig zu deuten und kann auf diese vertrauen ...

RUHE UND AKTION IM WECHSELSPIEL

Das ist Kommunikation auf höchstem Niveau. Jetzt sind Sie als Gestalter und Kommunikator auf höchster Ebene gefordert. Sie initiieren ein Wechselspiel zwischen Ruhe und Spannung. Das heißt, Sie erzeugen Spannung im Hund durch Stimmungsübertragung – der Hund ist mit seiner ganzen Aufmerksamkeit bei Ihnen und nicht beim Dummy.

Das funktioniert so: Der Hund ist im Sitz. Sie entfernen sich ein paar Schritte und geben ihm dabei mit Handzeichen klar zu verstehen, dass er nicht folgen soll. Dann legen Sie ein Dummy ab und kommen bis auf ca. zwei Meter Abstand wieder zu ihm zurück. Nun bauen Sie Spannung bei ihm auf, indem Sie durch Körpersprache und emotionalen Ausdruck signalisieren, dass Sie sich brennend für das Dummy interessieren und am liebsten gleich losrennen würden, um es zu suchen. Gleichzeitig blocken Sie den Hund jedoch noch mit einer Hand, während die andere Hand und Ihr Körper schon in Richtung Dummy weisen (siehe Abb. Seite 90 unten). Erst wenn sich der Hund gespannt, äußerst motiviert und interessiert zeigt, schicken Sie ihn mit Blick zum Dummy und einer dorthin weisenden Geste zum Apport (siehe Abb. Seite 91 unten). Hier ist wichtig, dass Ihre Körperspannung und Ihr Interesse am Dummy, den Hund wirklich fesseln. Das heißt, er ist auf Sie konzentriert und saust erst los, wenn Sie es erlauben.

Nun vergrößern Sie die Distanz zum Dummy. Sie entfernen sich von Ihrem sitzenden Hund, werfen das Dummy, kommen zu ihm zurück und schicken ihn. Einmal, wenn Sie nahe bei ihm stehen und dann wieder, wenn Sie einige Meter von ihm entfernt sind. Wichtig ist, dass Sie immer zwischen dem ausgeworfenen Dummy und ihm stehen, wenn Sie ihn losschicken. Dadurch können Sie ihn jederzeit blocken, wenn er versucht, an Ihnen vorbeizurennen, obwohl Sie noch gar nicht die Erlaubnis dazu gegeben haben. Der Spannungsaufbau auf Distanz fixiert den Hund noch besser auf Sie und er lernt, auch auf Entfernung auf Sie zu achten.

... zielgerichtet folgt er Jeannettes Blick mit der Sicherheit dort das Dummy zu finden.

Von der Steadiness zum Marking

Steadiness beinhaltet nicht nur ruhiges Warten. Steadiness heißt auch im weiteren Sinne, dass der Hund beim Marking ruhig, aufmerksam und konzentriert beobachtet, wohin ein Dummy gebracht oder geworfen wird.

Der Hund lernt, sich allgemein besser auf Dinge zu konzentrieren, nicht nur auf Dummys, sondern auch auf Sie und Ihre ihn leitenden Signale.

DIE SINNE WERDEN GESCHÄRFT

Bei Aufgabenstellungen im Bereich Marking lernt der Hund, seine Sinne einzusetzen. Mit seinem Sehsinn verfolgt er aus der Sitzposition heraus die Flugbahn des Objekts, das Sie werfen. Er wird verknüpfen, dass das, was durch die Luft fliegt, auch irgendwo herunterfällt und liegen bleibt. Er wird zusätzlich seinen Hörsinn nutzen, denn er hört das Geräusch, wenn das Dummy auf dem Boden auftrifft. Die Fallstelle sieht er, das Auffallgeräusch hört er. Dadurch lernt er, Entfernungen einzuschätzen.

Info

FACHBEGRIFFE AUS DER KLASSISCHEN RETRIEVERAUSBILDUNG

Markieren – Marking: Der Hund merkt sich die Flugbahn und Fallstellen der Dummys. Er entwickelt die Fähigkeit, sich diese Punkte über einen längeren Zeitraum zu merken (Konzentration) und deren Entfernung einzuschätzen.
Steadiness: Der Hund muss ruhig in einer Position verharren.
Blind: Man bringt dem Hund bei, ein Dummy zu suchen, das er zuvor nicht fallen sah. Es wurde nicht sichtig geworfen.

ÜBER DIE GESTE ZUM HÖRZEICHEN

Damit Sie Ihren Hund bei Übungen für das Marking künftig auch durch ein Hörzeichen zum Suchen schicken können und nicht nur durch richtungsweisende Gesten, verknüpfen Sie Ihre zum Dummy weisende Geste jetzt mit dem Hörzeichen „Such!“. Der Hund soll ja später auch Dummys oder Personen finden können, von denen Sie gar nicht wissen, wo sie sich genau befinden.

Für das Etablieren des Hörzeichens können Sie so vorgehen: In dem Augenblick, in dem Sie dem Hund durch Ihr Körpersignal und die Geste das Lossausen gestatten, sagen Sie „Such!“. Nach einigen Wiederholungen genügt dann stellvertretend für die Geste das Hörzeichen, damit Ihr Hund zu suchen beginnt.

ERST MARKIEREN DANN SUCHEN

Damit Ihr Hund zielgerichtet zu geworfenen Dummys läuft, unterstützen Sie ihn die ersten beiden Male mit einer zum Dummy zeigenden Geste. Wählen Sie zusätzlich einen Untergrund, auf dem er die Fallstelle und damit das geworfene Dummy gut sehen kann, wie zum Beispiel eine kurz gemähte Wiese oder Ihren Spazierweg und werfen Sie dann sichtig für den Hund das Dummy, dessen Fallstelle er markieren soll. Er wartet dabei steady im „Sitz“, kann die Flugbahn gut verfolgen, die Fallstelle sehen und den Aufprall hören. Jetzt versetzen Sie ihn über Ihr Körpersignal in

Spannung und zügeln ihn dabei zugleich mit einer blockierenden Geste Ihrer Hand. Als Startzeichen für die Suche sagen Sie motivierend „Such!“ und nehmen dabei die ihn blockierende Hand nach unten, ohne jedoch eine Richtung vorzugeben.

MARKING Beim Markieren von geworfenen Dummys setzt der Hund alle seine Sinne ein.

ERST HÖREN DANN SUCHEN

Die sichtig geworfenen Dummys markiert Ihr Hund bereits gut. Jetzt wechseln Sie Bewuchs und Untergrund, auf dem Sie die Aufgabe durchführen. Denn schlägt das Dummy sichtig auf Wiesenboden auf, sieht das anders aus und hört sich anders an, als wenn es nicht sichtig in eine hohe Wiese oder ein Gestrüpp, auf Acker-, Waldboden oder in einen Busch fällt. Werfen Sie deshalb die Dummys mal auf eine Wiese, dann wieder auf Schotter-, Kies- oder geteerte Wege, mal hinter einen Holzstoß oder auf moosigen Waldboden. So kann Ihr Hund Wurfbahn, Entfernungen und Aufprallgeräusche unter verschiedenen Bedingungen einschätzen und zuordnen lernen. Wie gehabt darf er auf das Hörzeichen „Such!“ apportieren.

Info

UNTERSCHIEDLICHE SICHTPERSPEKTIVEN

Auch wenn Sie ganz deutlich Flugbahn und Fallstelle erkennen, muss das für Ihren Hund nicht genauso sein. Für den Hund ist es einfacher, Flugbahn und Fallstelle zu markieren, wenn:

- er sich an markanten Punkten in der Landschaft orientieren kann (zum Beispiel allein stehender Baum, kleine Buschgruppe mitten im Feld),
- der Hintergrund hell ist,
- markante Geländewechsel vorhanden sind (zum Beispiel Feldrain, gemähte zu ungemähter Wiese, Wasserkante),
- das Dummy in hohem Bogen und nicht flach geworfen wird.

BLEIB 3 fördert die Steadiness und damit die nötige Ruhe zu beobachten.

JETZT IST KONZENTRATION GEFRAGT

Ihr Hund befindet sich wie üblich in Sitzposition. Sie stehen neben ihm und werfen ein Dummy nach rechts und eines nach links. Dann geben Sie wieder nur das Hörzeichen „Such!“ (siehe Seite 92). Jetzt zeigt sich, wie gut seine Merkfähigkeit bereits ist. Beobachten Sie, an welche der beiden Fallstellen, er sich noch erinnert. Kommt er mit einem Dummy zurück, lassen Sie es sich in die Hand geben und tauschen mit Futter. Dann geben Sie sofort wieder nur das Hörzeichen „Such!“. Häufig hat der Hund nur das zuletzt geworfene Dummy im Sinn und erinnert sich nicht mehr an das zuerst geworfene. Ist das der Fall, beginnt die Teamarbeit: In dem Moment, in dem er sich Hilfe suchend zu Ihnen umsieht, können Sie ihn mit Ihrem in Richtung Dummy weisenden Signal unterstützen (siehe Seite 103).

Wenn Ihr Hund mit der Zeit die Fallstellen zufriedenstellend markiert und die Dummys problemlos findet und bringt, können Sie weitere Dummys dazunehmen und diese zum

LAND ODER WASSER Um Hör-Marking zu trainieren, soll der Hund nicht sehen, wo das Dummy landet, sondern nur über das Ohr zuordnen (markieren), worauf es aufschlägt.

Beispiel in alle vier Himmelsrichtungen werfen, also nach links und rechts, nach vorne und hinten.

AUFMERKSAMKEIT STEIGERN

Im Rahmen der Marking-Übungen können Sie auch während des Werfens im Kreis um den Hund herumgehen. Befindet sich der Hund links von Ihnen, werfen Sie das erste Dummy über seinen Kopf hinweg nach links. Dann gehen Sie auf die andere Seite und werfen das nächste Dummy wieder über seinen Kopf hinweg nach rechts, ebenso vor und hinter ihm. Je weiter dabei die Distanz zwischen Ihnen und dem Hund ist, umso aufmerksamer wird er dadurch, da er den Kopf drehen muss, um der Flugbahn des Dummys folgen zu können. Sie können auch in einiger Entfernung zu ihm stehen und mehrere Dummys über ihn hinweg werfen. Lassen Sie Ihrer Fantasie freien Lauf.

HÖR-MARKIERUNGEN

Trainieren Sie die Merkfähigkeit Ihres Hundes zusätzlich speziell über das Gehör, denn auch die Zuordnung des Aufschlaggeräusches eines Dummys ist eine Art des Markierens. Das heißt, ein Hund kann Entfernung und Geländewechsel zuordnen lernen und er kann zum Beispiel deutlich unterscheiden lernen, ob ein Objekt aufs Wasser oder auf festen Untergrund fällt.

So gehen Sie hierbei am besten vor: Lassen Sie Ihren Hund mehrmals dabei zusehen und zuhören, wie ein Dummy ins Wasser fällt, damit er das Platschgeräusch verknüpfen kann. Errichten Sie dann einen Sichtschutz vor einer Wasserfläche, hinter dem der Hund ins „Sitz" gebracht wird (siehe Abb), dabei zusieht, wie Sie das Dummy darüber werfen und hört, wie es ins Wasser fällt. Fällt ein Dummy später einmal hinter einem Busch ins Wasser, wird der Hund zielgerichtet nicht auf festem Untergrund sondern im Wasser suchen, da er sich an das Platschgeräusch erinnert.

Übungen für mehrere Mensch-Hund-Teams

Die Grundlagen des Apportierens sind gelegt. Vieles können Sie alleine mit Ihrem Hund trainieren, aber zusammen mit anderen Hund-Mensch-Paaren ist das Training noch wesentlich reizvoller.

Die folgenden Übungsvorschläge können Ihnen Ideen liefern, wie Sie neben Spaß und Auslastung auch Erfolge hinsichtlich Gehorsam, Kontakthalten und Führigkeit erreichen. Sie festigen dabei weiterhin die Aufmerksamkeit und das Interesse Ihres Hundes an sich und Ihrem Tun und können herausfinden, ob er auf Ihre Signale richtig reagiert – will heißen, dass Ihr Hund Sie zu verstehen gelernt hat.
Zugleich bieten die Übungsvorschläge dieses Kapitels zahlreiche Möglichkeiten, den Hund zu lenken, zu stoppen oder anzuspornen. Und Gruppenübungen erleichtern auch Hundebegegnungen im Alltag. Ebenso wie sie bei der Stabilisierung konkurrierender oder unsicherer Hunde helfen. Grund dafür ist, dass Ihnen – dem Menschen – bei diesen Aufgaben eine wichtige Rolle zukommt. Sie sind derjenige, der sehr wohl auch binär reglementiert, aber – noch viel wichtiger – Sie sind derjenige, der seinem Hund Hilfestellung gibt, wenn es ihm schwerfällt, eine Situation einzuordnen oder eine Lösungsstrategie zu entwickeln. Oft genügt schon Ihre bloße Anwesenheit, um Ihrem Hund Sicherheit beim Lösen einer Aufgabe zu geben. Die hierbei stattfindende Teamarbeit festigt außerdem noch Ihre Bindung.

NACHEINANDER ODER ALLE ZUSAMMEN?

Aufgabenstellung:

Mehrere Hund-Mensch-Paare wirken mit. Die Hunde werden in einer Reihe nebeneinander ins „Sitz“ gebracht und jeder einzelne soll erst dann sein Dummy apportieren, wenn es ihm erlaubt wird. Der Übungsablauf kann variiert werden.

Übungsaufbau

Mehrere Hunde werden von ihren menschlichen Teampartnern in einer Reihe nebeneinander in zwei bis drei Metern Abstand ins „Sitz“ gebracht. Ausgangs- und Endpunkt jedes Hundes werden durch die am Boden neben dem Hund liegende Leine definiert. Jetzt bewegen sich alle Hundebesitzer parallel zueinander in gerader Linie etwa 10 Meter von ihrem Hund weg und legen ein Dummy ab (Abb. 1). Dann kommen sie auf demselben Weg wieder zu ihm zurück. Dadurch endet jede der Spuren in Form einer Sackgasse beim jeweiligen Dummy.
Je nach Ausbildungsstand der Hunde legen die Hundebesitzer ihre Dummys entweder einzeln hintereinander oder alle gleichzeitig aus. Auch die Distanz zwischen Hund und Dummy sollte dem Ausbildungsstand der Hunde angepasst sein.

Mögliche Variationen des Gruppen-Events Dummy-Apport

Sind die Vorbereitungen abgeschlossen und befindet sich jeder Hundebesitzer wieder bei seinem Hund am Ausgangspunkt, passiert Folgendes:
Variante 1a: Nacheinander bringt jeder Hundehalter seinen Hund in Spannung und schickt ihn über eine richtungweisende Geste in Richtung seines Dummys. Hat der Hund sein Dummy aufgenommen, wird er wie immer über ein „In-die-Hocke-Gehen“ stumm herangerufen und das Dummy nach dem Apport gegen ein Leckerli getauscht.

Variante 1b: Die Grundaufstellung – wie im „Übungsaufbau“ beschrieben – wird eingenommen. Jetzt werden alle Hunde gemeinsam losgeschickt. Versucht Ihr Hund ein anderes als sein eigenes Dummy aufzunehmen, wirken Sie sofort binär ein. Über das „Nein“ kommunizieren Sie ihm, dass dieses Objekt nicht das ist, das Sie haben wollen. Ihr freundlich motivierendes „Ja“ bestätigt Ihren Hund augenblicklich, wenn er sich dem richtigen Dummy zuwendet. Alles andere wieder wie gehabt.

Variante 1c: Die Grundaufstellung bleibt. Jetzt werden die Hunde auf Position 1 und 3 (siehe Abb. 1) gemeinsam losgeschickt. Während diese mit dem Dummy zurückkommen, starten die beiden anderen Hunde (2 und 4) in Richtung Dummys, sodass sie aneinander vorbeilaufen müssen.

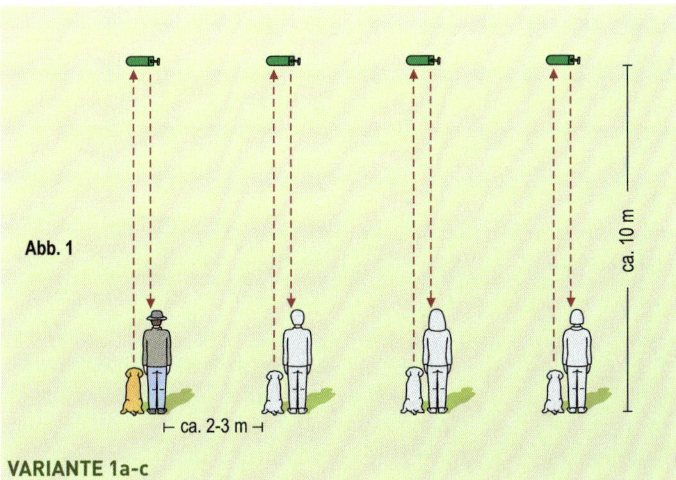

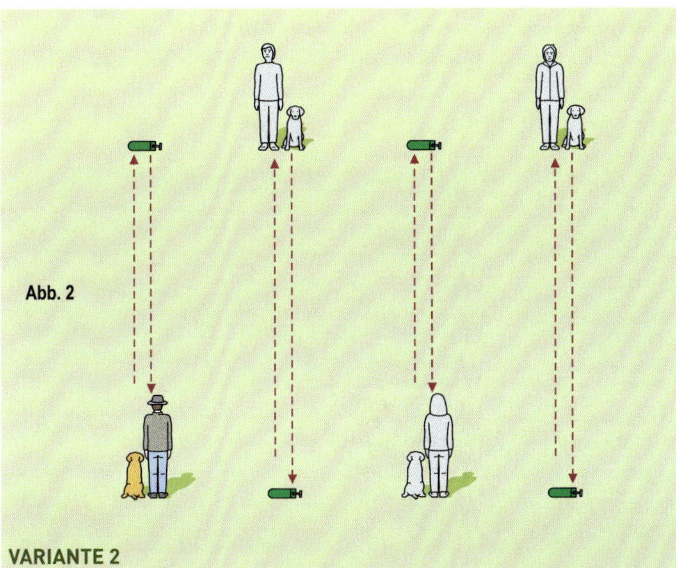

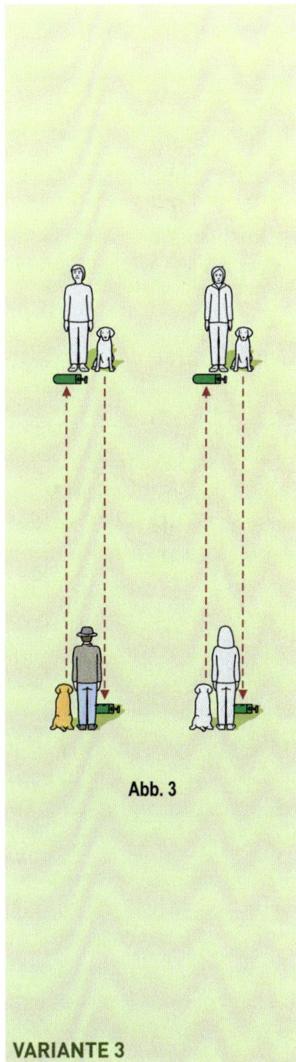

GRUPPEN-EVENTS DUMMY-APPORT Achten Sie auf genügend Abstand zwischen den Apportierbahnen, damit die Übungen entspannt ablaufen können.

DIE HUNDE lernen, sich auf ihre Aufgabe zu konzentrieren und Artgenossen dabei zu ignorieren.

Variante 2: Jetzt wird es schon schwieriger. Die Hunde werden diesmal in zwei einander gegenüberliegenden Reihen ins Sitz gebracht (siehe Abb. 2, Seite 97). Die Dummys werden dabei jedoch nicht direkt neben dem gegenüberliegend positionierten Mensch-/Hundpaar abgelegt, sondern etwas seitlich versetzt dazu. Dann wird entweder jeder Hund einzeln oder mehrere Hunde zusammen – je nach Ausbildungsstand – jeweils in dieselbe Richtung oder auch mehrere Hunde gleichzeitig und gegeneinander losgeschickt.

Variante 3: Um den Schwierigkeitsgrad jetzt noch weiter zu erhöhen, wird das Dummy kurz vor dem gegenübersitzenden Hund abgelegt (siehe Abb. 3, Seite 97). Die Hunde werden dabei nur einzeln geschickt. Es ist Herausforderung genug, die Beute kurz vor einem Artgenossen auf- und sie damit diesem wegzunehmen. Hier muss der Halter des wartenden Hundes sehr präsent sein. Denn wenn sein Hund nach vorne preschen will, weil er dem auf ihn zulaufenden Hund das Dummy streitig machen will, muß der Hundebesitzer sofort binär einwirken.

Bei dieser Variante sollten sich alle Beteiligten über eines klar sein: Selbst wenn der wartende Hund nicht vorpreschen kann (weil er angeleint ist oder unter der Kontrolle seines Halters steht), genügt manchmal bereits der olfaktorische, der körpersprachliche oder der Ausdruck seiner Augen, um dem Herankommenden unmissverständlich zu signalisieren: „Meins! Wag' es ja nicht!“ Das erzeugt einen Konflikt, der manchen Hund vom Apportieren abhält, obwohl er in anderen Situationen ohne zu zögern der Aufforderung zum Apport gerne folgt. In diesen Fällen legt man das Dummy besser nicht ganz so nah am gegenüber positionierten Hund ab oder man läuft mit dem eigenen Hund mit, um ihm Sicherheit zu geben.

DURCH DIE GASSE APPORTIEREN

Aufgabenstellung

Wieder benötigt man mehrere Hund-Mensch-Paare. Die Hunde bilden eine Gasse aus zwei einander gegenüberliegenden Reihen. Je nach Ausbildungsgrad und Steadiness sitzen die Hunde an- oder abgeleint neben ihrem Halter. Jetzt wird ein Hund durch die Mitte der Gasse hindurch zum Apport geschickt. Der Übungsablauf kann variiert werden.

DIE ÜBUNG mindert konkurrierendes Verhalten, stabilisiert unsichere Hunde, fördert Steadiness.

Übungsaufbau

In jeder Reihe stehen zum Beispiel vier Hunde nebeneinander im Abstand von etwa zwei bis drei Metern. Zu Beginn und auch um den Ausbildungsstand und die Steadiness der einzelnen Hunde zu überprüfen, sitzen diese angeleint neben ihrem Halter. Wer sich der Steadiness seines Hundes sicher ist, kann diesen beim zweiten Durchlauf bereits unangeleint neben sich im Sitz zusehen lassen.
Wichtig: Bei einem eventuellen Vorpreschen muss die Einwirkung durch die Binärsprache sicher funktionieren, um den apportierenden Hund nicht in Bedrängnis zu bringen.

Variante 1: Ihr Hund wartet an einem Ende der Gasse im Bleib 2 (siehe Seite 43) und sieht Ihnen zu, wie Sie zunächst das Dummy durch die Gruppe tragen, es am Ende der Gasse ablegen und wieder zu ihm zurückkommen. Jetzt erzeugen Sie wie immer eine Spannung bei Ihrem Hund und schicken ihn über die richtungweisende Geste zum Dummy-Apport. Danach kommt der nächste Hund aus der Gruppe dran und Sie stellen sich auf dessen Platz. So geht es weiter bis alle einmal durch die Gasse apportiert haben.

Apportiert er oder nicht?

Es kann passieren, dass Ihr Hund mit dieser Aufgabe überfordert ist.
Wenn Sie sich also nicht sicher sind, ob Ihr Hund sich traut, eingegrenzt von Artgenossen durch die Gasse zum Dummy und mit diesem im Fang wieder zurückzulaufen, dann legen Sie das Dummy anfangs nur einige Meter in die Gasse hinein. Hat er diese Aufgabe gemeistert, können Sie beim zweiten Versuch schon mutiger werden und das Dummy ein Stück weiter in die Gasse legen.
Meistert er auch das, wird er bestimmt beim dritten Mal bereits die gesamte Gasse durchlaufen.
Es kommt auch vor, dass ein Hund zwar durch die Gasse geht, aber mit dem Dummy im Fang lieber außen herum zu Ihnen zurückläuft. Auch das ist erlaubt.

Reflektieren Sie Ihren Hund

Bei diesen Übungen ist es entscheidend, bereits bei der Aufgabenstellung die Verfassung des Hundes zu berücksichtigen und auch bei der Lösung der Aufgabe seine innere Gestimmtheit zu reflektieren und zu akzeptieren.

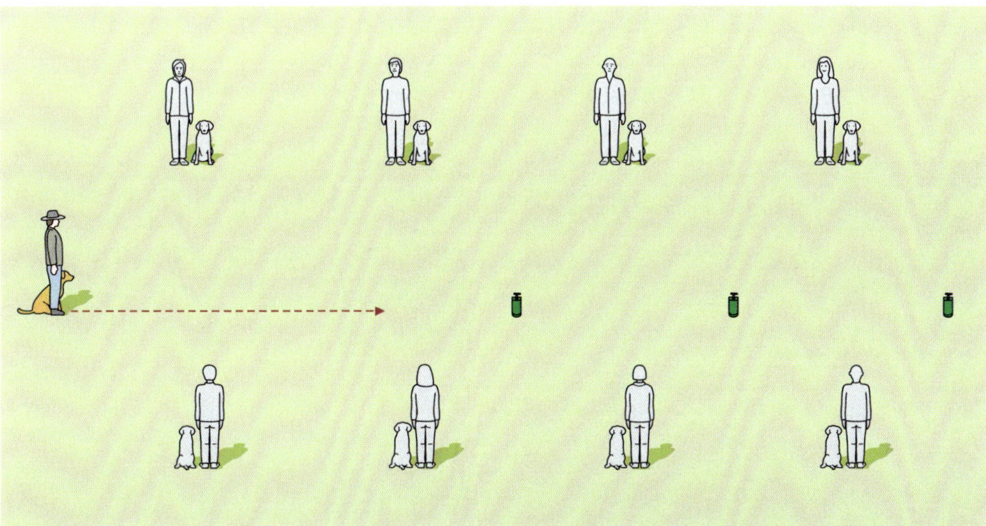

VARIANTE 1 **Aufstellung in Form einer Gasse: Ein Hund nach dem anderen durchläuft die Gasse, um sein Dummy zu apportieren.**

Hat Ihr Hund Stress, helfen Sie ihm!

Signalisiert Ihr Hund schon vor Übungsbeginn Stress, dann motivieren Sie ihn erst einmal – entweder angeleint oder frei Bei Fuß – mit Ihnen zusammen durch die Gasse hin- und wieder zurückzugehen, ganz ohne Apport. Dabei können Sie das Dummy auch gleich auslegen. Wieder am Ausgangspunkt zurück schicken Sie ihn. Hat er noch immer Stress und zögert, lassen Sie die Hunde ein Stück auseinanderrücken, damit die Gasse weiter wird und versuchen es erneut. Vielleicht ist es auch nur ein bestimmter Hund, an dem Ihr Hund sich nicht traut, vorbeizulaufen. Versuchen Sie das einzuschätzen und veranlassen Sie gegebenenfalls, dass dieser Hund die Reihe verlässt und beobachten Sie, was Ihr Hund nun macht.

Bestehen Sie nicht auf Ihrem Übungsaufbau

Können Sie ihn auch jetzt noch nicht zum Apport motivieren, ist das auch kein Beinbruch. Sie stellen sich in die Reihe und lassen ihn einfach bei den anderen zusehen. Vielleicht klappt es ja ein bisschen später. Daran können Sie erkennen, dass Handlungsbedarf besteht und Sie an der Stabilität und Souveränität Ihres Hundes noch arbeiten sollten.

Variante 2: Um die Herausforderung an den Hund zu steigern, legen Sie mehrere Dummys hintereinander oder in Form eines Dummyhaufens in der Gasse aus und lassen Ihren Hund jetzt eines nach dem anderen apportieren. **Wichtig:** Schicken, aufnehmen, bringen, tauschen, schicken, aufnehmen, bringen, tauschen ... etc. Das fördert bei Ihrem Hund das schnelle Aufnehmen und Abgeben und bei den anderen die Steadiness.

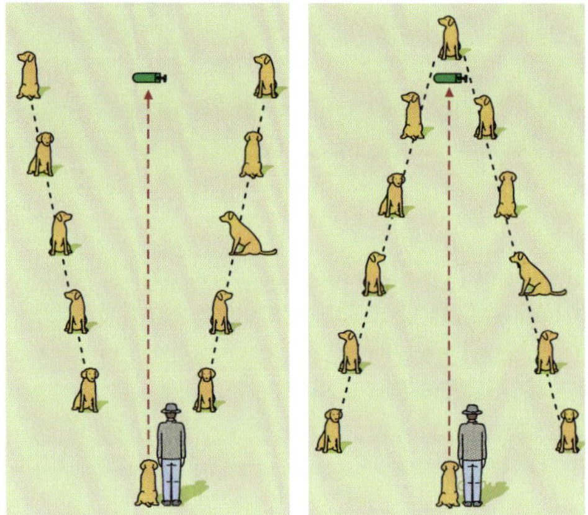

VARIANTE 3 Aufstellung in V-Form: Die Spitze des V ist entweder unten oder oben.

Variante 3: Die Hunde werden V-förmig positioniert. Das heißt, die Spitze des Vs ist der Ausgangspunkt und die Reihe öffnet sich nach hinten (siehe Abb. oben links). In einem dem jeweiligen Hund angepassten Abstand wird das Dummy plaziert.

DIE HUNDE RINGSUM bleiben souverän, obwohl der Husky auf das Dummy zustürmt.

BEREITS DAS SPANNEN des Hundes kann konkurrierendes Verhalten auslösen.

GERUCHSDIFFERENZIERUNG Über Dummys können Hunde lernen, Gerüche zu differenzieren. Das macht sich bei der Fährtenarbeit positiv bemerkbar.

Schwieriger wird die Aufgabe, wenn das V umgedreht aufgebaut ist (siehe Abb. rechts, Seite 100). Zu Beginn sitzen die Hunde weit auseinander und am Ende bildet ein Hund die V-Spitze. Das Dummy wird kurz vor diesem abgelegt.
Wieder ist es äußerst wichtig, dass die das Feld begrenzenden Hunde eine sehr gute Steadiness haben, jederzeit beim Vorpreschen binär abrufbar sind oder – falls notwendig – über die Leine abgesichert werden.

Das I-Tüpfelchen

Bei allen drei Varianten werden die Hunde im Bleib 3 (mit entsprechender Symbolik) abgelegt und die Hundebesitzer entfernen sich.

JETZT MIT GERUCHSDIFFERENZIERUNG

Alle Hundehalter stellen sich im Kreis auf und bringen ihre unangeleinten Hunde neben sich ins Sitz. Je nachdem, wie viele anwesend sind, beträgt der Abstand 2 bis 3 oder mehr Meter. Jeder Hundebesitzer legt nun sein Dummy in der Mitte ab und geht wieder zu seinem Hund zurück. Die Dummys sollten nicht aufeinanderliegen, können aber nah beieinander liegen. Warum? Ein Hund, der Gerüche noch nicht so klar zu unterscheiden gelernt hat, wird schnell verleitet, das ganz oben liegende als das vermeintlich richtige Dummy aufzunehmen.
Bei dieser Übung werden die Hunde, einer nach dem anderen, zum Apportieren des jeweils eigenen Dummys geschickt. Will einer ein fremdes Dummy nehmen, signalisiert ein „Nein“ den Fehler, nimmt er das eigene auf, wird er mit „Ja! So brav!“ bestätigt. Die apportierten Dummys werden sofort wieder in die Mitte zurückgeworfen. Diesem Bewegungsreiz sollen die Hunde ruhig und gelassen standhalten. Sie dürfen Ihrem Hund auch helfen, indem Sie mit ihm in den Kreis gehen und ihn bei der Suche tatkräftig unterstützen. Jedoch zeigen Sie dabei nicht auf sein Dummy, sondern belegen das falsche Dummy mit „Nein“ und motivieren ihn danach zum Weitersuchen.
Will es gar nicht gelingen, stehen Sie ihm natürlich erwartungsgemäß doch noch zur Seite und vermitteln ihm dadurch, dass Sie als Team unschlagbar sind.

Mit Gesten geht

ALLES BESSER

Gesten bieten Orientierung

Damit Ihr Hund Ihnen noch mehr Aufmerksamkeit schenkt, sollte er die Erfahrung machen, dass sich alle Aufgaben um ein Vielfaches leichter lösen lassen, wenn Sie ihm als Partner zur Seite stehen.

Das stärkt den Teamgeist und er lernt, noch sorgfältiger auf Ihre Signale zu achten. Um das zu erreichen, empfehle ich Ihnen Dummys zu verstecken und dem Hund kleine Hilfestellungen durch Ihre hinweisenden Gesten zu geben. Sie können direkt in Richtung Dummy zeigen oder nur grob das abzusuchende Gebiet umreißen. Wenn das Dummy von einem Helfer versteckt wurde, können Sie und Ihr Hund Ihre Teamfähigkeit unter Beweis stellen. Ihr Part dabei ist: Sie merken sich, welche Bereiche er bereits abgesucht hat und welche er ausgelassen hat. Dorthin schicken Sie ihn dann über Gesten. Schnell bemerkt er, dass Sie ihm eine große Hilfe bei seiner Suche sind und er wird sich immer öfter an Ihnen orientieren und Sie in seine Suche miteinbeziehen. Über Gesten können Sie seine Suche auch sehr gut auf Gebiete beschränken. Noch bevor er im Begriff ist, ein abzusuchendes Gebiet zu verlassen, wird er durch Gesten wieder zurückgeschickt. Da er nur in Bereichen fündig wird, in denen Sie sich befinden, werden diese immer interessanter für ihn und er wird Ihre Nähe von sich aus suchen.

JETZT IST DIE NASE GEFRAGT

Bislang hat Ihr Hund bei allen Apportierübungen sehen können, wo das Dummy liegt. Jetzt wollen wir daran gehen, dass er lernt, seine Nase einzusetzen, um ein Dummy zu suchen, das sich vor ihm versteckt.

Das geht so: Sie lassen ihn absitzen und werfen ein Dummy, dessen Flugbahn und Fall er markieren kann. Die Fallstelle ist jedoch in höherem Bewuchs. Dort verschwindet das Dummy und ist damit nicht mehr sichtbar. Jetzt erzeugen Sie Spannung bei Ihrem Hund und schicken ihn mit einer zur Aufschlagstelle weisenden Geste los. Sollte er sich im Übereifer zu weit von der Aufschlagstelle entfernen, rufen Sie ihn und bringen ihn über weitere richtungsweisende Gesten näher ans Dummy. Nach ein paar Wiederholungen wird er schon zielgerichtet das Gebiet um die Aufschlagstelle des Dummys herum absuchen, ohne Ihre Hilfe zu benötigen.

AUFFORDERUNGS-SIGNAL ZUM SUCHEN

Auch Räume eignen sich gut, um den Hund auf den Gebrauch seiner Nase einzustellen. Sie beginnen innerhalb des Wohnbereichs. Lassen Sie Ihren Hund absitzen und gehen Sie in einen anderen Raum der Wohnung, um dort ein Dummy abzulegen. Es soll für ihn gut sichtbar liegen, damit er fast darüber stolpert, wenn er den Raum betritt. Jetzt holen Sie ihn, führen ihn zu dem Raum und schicken ihn mit dem Hörzeichen „Such!“ und einer zum Dummy zeigenden Geste hinein. Er folgt Ihrem Fingerzeig, findet es natürlich sofort und kann einen Zusammenhang zwischen Dummy, Sicht- und Hörzeichen herstellen. Beim nächsten Dummy folgt fast das gleiche Prozedere. Nur befindet es sich jetzt hinter dem Sofa, sodass es der Hund nicht sofort sehen kann. Sie zeigen in den Raum und dabei noch Richtung Sofa und schicken ihn mit „Such!“ los. Das nächste Mal deuten Sie mit einem „Such!“ in den abzusuchenden Raum, ohne einen zusätzlichen Hinweis auf das Versteck. Der Hund hat verstanden, dass er auf Ihre Signale hin den Raum absuchen soll.

HOHE NASE Hier weht der Wind aus der Hecke. Damit tut sich Terrie leicht, das Dummy mit seiner Nase zu orten.

NIMM DIE NASE HOCH

Bisher hat Ihr Hund jeweils nur am Boden liegende Dummys gesucht. Steigern Sie jetzt den Schwierigkeitsgrad, indem Sie die Objekte an einem erhöhten Platz verstecken. Innerhalb der Wohnräume würde ich auf das Absuchen von erhöhten Plätzen verzichten, sonst räumt Ihr Hund Ihnen irgendwann einmal den Frühstückstisch ab.

Suchen Sie sich stattdessen Sträucher im Garten oder beim Spaziergang am Wegesrand, in die Sie Dummys mit der Schlaufe an den Zweigen aufhängen können. Hängen Sie sie nicht zu hoch, da Ihr Hund sie sonst eventuell nicht erschnuppern kann. Beim ersten Dummy darf er noch zusehen, wie Sie es im Strauch aufhängen. Die nächsten Dummys werden von Ihnen versteckt, ohne dass er Sie dabei beobachten kann. Wenn Sie ihn dann zum Suchen schicken, wird er in Erinnerung des ersten Dummys und auf Ihr Signal hin zielgerichtet den Strauch annehmen und ihn absuchen.

Achten Sie beim Losschicken auf die Windrichtung (siehe Seite 117, Windkunde). Lassen Sie dem Hund Zeit, allein fündig zu werden und zu realisieren, dass das Dummy auch dieses Mal nicht auf dem Boden liegt. Findet er es nicht, bringen Sie ihn über Gesten so an das Dummy, dass er den Geruch möglichst gut in die Nase bekommt (Windrichtung beachten!). Sie können ihm auch helfen, indem Sie selbst demonstrativ in die Höhe schnuppern.

MAL OBEN, MAL UNTEN

Jetzt können Sie dazu übergehen, die Sache noch interessanter zu gestalten. Sie bringen den Hund außer Sicht und verstecken gleich mehrere Dummys für ihn. Um es spannender zu machen, liegen manche Dummys am Boden, andere hängen Sie etwas erhöht an einem Busch auf, wieder andere lassen Sie im hohen Bewuchs verschwinden oder bedecken sie mit etwas Laub. Dann holen Sie den Hund und schicken ihn vom Ausgangspunkt (siehe Seite 43, Bleib 2) aus nacheinander über hinweisende Gesten in Richtung der einzelnen Dummys. Geben Sie ihm etwas Zeit, die Dummys alleine zu finden. Wird er nach geraumer Zeit nicht fündig, helfen Sie ihm und bringen ihn so an das jeweilige Dummy, dass er die Witterung möglichst gut in die Nase bekommt. Er lernt einmal mehr, sich an Ihnen zu orientieren und außerdem den Wind zu nutzen.

Von roten und grünen Bereichen zur Bogenreinheit

Ihr Hund hat gelernt, sich an Ihren Gesten zu orientieren. Er bezieht diese Gesten entsprechend in sein Suchverhalten mit ein und orientiert sich verstärkt an diesen.

Sie können Ihren Hund bereits gut leiten und ihm jetzt auch die Suchgebiete vorgeben. Der Hund sucht dabei das von Ihnen vorbestimmte Gelände systematisch ab. Ziel solcher Aufgabenstellungen ist, dass der Hund sich im Zusammenspiel mit Ihnen auf das vorgegebene Gebiet beschränkt, sich bei der Suche nicht ablenken lässt und lernt, Reize, die nicht mit der Aufgabenstellung einhergehen, auszuklammern.

SICH AUF GEBIETE BESCHRÄNKEN

Es ist nicht schwer, einem Hund beizubringen, nicht „grenzenlos“ nach Dummys zu suchen, sondern sich dabei auf ein spezielles Gebiet zu beschränken.
Räumliche Grenzen kennt Ihr Hund bereits von den Spaziergängen, als er auf dem Weg die „verlorenen“ Dummys gesucht hat, im Sinne von: Auf dem Weg suche ich, das ist grünes erwünschtes Gelände und rechts und links vom Weg suche ich nicht, denn da finde ich nichts und es ist auch nicht erwünscht (= roter Bereich). Diese Akzeptanz von roten Bereichen macht es Ihnen leichter, den Hund auch außerhalb von Suchübungen an räumliche Grenzen zu gewöhnen.

Erste rote und grüne Bereiche

Auf den nächsten Seiten gebe ich Ihnen einige Anregungen an die Hand, wie es gelingt, das Konzept „Von roten und grünen Bereichen bis zur Bogenreinheit“ für den Hund verständlich zu kommunizieren.

Info

BOGENREINHEIT
Der Ausdruck Bogenreinheit stammt aus der Jagdhundeausbildung. Bogenreinheit zeigt ein stöbernder Hund, wenn er den „Bogen“ (das von Jägern umstellte Wald- oder Feldgebiet) weder beim Absuchen verlässt noch um hinter gesundem Wild herzujagen. Er soll das Gelände komplett absuchen, selbstständig an der Gebietsgrenze kehrtmachen und im „Bogen“ weitersuchen. Dieses konsequente Absuchen eines definierten Gebietes lässt sich gezielt antrainieren.

GRÜNER BEREICH Bereits als Welpe lernt Franzl: Auf Herrchens Wegen ist es spannend.

BOGENREINER SPAZIERGANG Die kurz gemähte Wiese definiert den Bogen, der nicht verlassen wird, und gibt somit den Weg vor.

GRÜNE UND ROTE BEREICHE IM HAUS

Im Haus oder in der Wohnung können Sie beispielsweise die Küche oder einen anderen Teil des Hauses zum Tabubereich für Ihren Hund erklären, damit er lernt Grenzen zu respektieren. Über die Binärsprache kommunizieren Sie ihm den grünen, erlaubten bzw. in Unterscheidung dazu den roten, nicht erlaubten Bereich.

Das machen Sie so: Geht Ihr Hund über die Schwelle in die Küche, belegen Sie das „Gebiet" sofort mit einem deutlichen „Nein!" als roten, nicht erlaubten Bereich. Ist er wieder hinter der Schwelle, also im grünen, erlaubten Bereich, erfolgt über das „Ja" die Bestätigung „das ist richtig".

GRÜNE UND ROTE BEREICHE IM GARTEN

Rote Bereiche können Sie auch im Garten schaffen, indem Sie einige Stellen mit Betretungsverbot belegen. Wenn Sie dann zusammen mit ihm im Garten sind, „erklären" Sie ihm auch hier die roten und grünen Bereiche unter Zuhilfenahme der Binärsprache.

Zum Beispiel so: Hüpft der Hund ins Beet, kommt sofort ein deutlich binäres „Nein!", ist er wieder außerhalb, zeigt ihm Ihre positive Binärstimmung „Hier bin ich richtig". Damit Ihr Hund den grünen Bereich noch stärker positiv belegt, bieten Sie ihm im grünen Bereich – das kann der Weg zwischen den Beeten oder eine Rasenfläche sein – eine Dummysuche oder ein Leckerli an.

VON GRÜNEN WEGEN UND SPUREN

Eine weitere Erfahrung mit der Begrenzung eines Gebietes macht Ihr Hund, wenn Sie bei gemeinsamen Ausflügen nicht einfach querfeldein laufen, sondern auf den Feld-, Spazier- oder Gehwegen bleiben. So lernt er auch hier, sich auf ein bestimmtes, von Ihnen erlaubtes Gelände, den grünen Bereich, zu beschränken.

Wechselt der Hund vom Weg in unerlaubtes Gebiet (Wiese oder Feld) in den roten Bereich, kommt von Ihnen sofort ein missmutiges „Nein!". Geht er auf den Weg zurück, bestätigen Sie ihn mit einem freundlichen „Ja!". Diesen in Längsrichtung verlaufenden Bogen-„Weg" haben Sie für Ihren Hund bereits attraktiv gemacht, als er dort von Ihnen sichtiges „Verlorenes" gefunden und Ihnen zugetragen hat (siehe Seite 67) oder Dummys von einem Familienmitglied zum anderen gebracht hat.

Selbst Ihre Spur kann zum grünen Bereich werden. Aus „Mein Weg ist Dein Weg" wird „Meine Spur ist Deine Spur" und „nur der sollst Du folgen".

Dazu gehen Sie mit Ihrem Hund an Ihrer Seite im Park quer über eine Wiese (wenn das erlaubt ist) und lassen dabei unbemerkt für ihn ein Dummy auf die von Ihnen erzeugte Spur fallen. Dann zeigen Sie auf die Spur und schicken Ihren Hund zum Apportieren zurück. Für seine Nase ist jetzt deutlich ein Weg sichtbar, den er problemlos zurückverfolgen kann und von dem er nicht abweichen wird, wenn ihm die Aufgabenstellung wirklich spannend erscheint.

Bogenreine Flächensuche

Durch Übungen zur bogenreinen Flächensuche bevorzugt Ihr Hund immer mehr die Gebiete, in denen auch Sie sich aufhalten, denn dort wird es nicht langweilig.

NATÜRLICHE BEGRENZUNGEN EINES GEBIETES

Damit Sie dem Hund das bogenreine Suchen näherbringen, nutzen Sie Flächen mit einer natürliche Begrenzung. Das können beispielsweise sein: Der Übergang von niedrigem zu hohem Bewuchs, der Übergang vom Acker zur Wiese oder die Begrenzung durch einen Weg etc.

Diese Grenzen sind für den Hund sehr gut über Auge und Nase erfassbar. Damit er sich bei der Suche gerne auf das Gebiet innerhalb dieser Begrenzung beschränkt, legen Sie ausschließlich dort Dummys aus und kommunizieren ihm einen eventuellen Wechsel in angrenzende rote Bereiche jedesmal binär als unerwünscht. So ist es für ihn ein Leichtes zu erfassen, dass sich die Suche auf den von Ihnen definierten natürlich begrenzten grünen Bereich beschränkt.

GRENZEN BEI FLÄCHEN OHNE NATÜRLICHE BEGRENZUNG

Steht kein Gelände mit klaren, natürlichen Abgrenzungen zur Verfügung, können Sie einen Bogen auch dadurch begrenzen, indem Sie das definierte Gebiet ein- oder zweimal zusammen mit Ihrem Hund umrunden. Die Begrenzung ergibt sich durch die dabei erzeugte Spur, die der Hund über die Nase wahrnehmen kann. Während des Umrundens der Fläche werfen Sie Dummys in den Bogen (= das definierte Gebiet) hinein. Nachdem Sie ihn zur Suche nach den Dummys schicken, kommunizieren Sie ihm über „Ja“ und „Nein!“ den grünen Bereich, in dem er suchen und bleiben soll. Auf diese Weise können Sie auch ein größeres Gebiet in einzelne zusammenhängende Planquadrate aufteilen und systematisch rastern. Dazu muss sich der Hund über Gesten leiten lassen.

BOGENREIN SUCHEN Emma wird am Wiesenrand gezügelt und zum Dummy zurückgeleitet. Sie weiß bereits: Gesten sind hilfreich und innerhalb des Bogens habe ich Erfolg.

„Voran“ und „Hinüber“ – „Links“ und „Rechts“

Damit ein Hund Gebiete bis zu den Rändern absucht, hat es sich bewährt, ihm die Ränder mit einem Hörzeichen wie beispielsweise „Hinüber“ oder „Andere Seite“ zu verknüpfen.

PLANMÄSSIGE SUCHE BRAUCHT SIGNALÜBEREINKUNFT

Sucht ein Hund das Apportel auf einem Weg, genügt es, wenn er einfach dem Weg folgt. Er wird dabei über das Dummy stolpern, da seine Nase problemlos die ganze Breite des Weges abdeckt. Beim Absuchen einer Fläche muss er seine Nase jedoch planmäßiger einsetzen, damit er keinen Bereich auslässt. Für unerfahrene Hunde ist dies keine leichte Aufgabe. Hier kommen Sie als Koordinator für die zielführende Suche ins Spiel. Sie haben die Dummys ausgelegt und wissen, wo sie liegen. Über Gesten und unter Berücksichtigung der Windverhältnisse geben Sie Ihrem Hund immer wieder entsprechende Hilfestellung, damit er auch überall nachgesucht hat. Da er so alle Dummys findet, untermauert das die Wichtigkeit Ihrer Signale und er wendet sich Ihnen noch mehr zu. Sie sind sein Schlüssel zum Erfolg.

ZUSAMMENSPIEL IST ANGESAGT

Spannend wird das Ganze, wenn die Dummys von einer Hilfsperson versteckt wurden und selbst Sie nicht wissen, wo sie liegen. Jetzt ist ein gutes Zusammenspiel angesagt. Das Suchen der Dummys wird Sie hier ebenso fordern wie Ihren Hund. Damit Sie zusammen erfolgreich sind, müssen Sie das Suchgebiet optisch erfassen, einteilen und sich genau erinnern, wo Ihr Hund schon gesucht hat und wo noch nicht. Hunde können sich zwar an den Spuren orientieren, die sie während der Suche hinterlassen (sie „sehen“ sozusagen mit der Nase, wo sie bereits gesucht haben), trotzdem lassen sie dabei die eine oder andere Ecke aus. Deshalb achten Sie darauf, dass der Hund alle Ränder des Gebietes intensiv absucht und leiten ihn gegebenenfalls noch einmal zu den freigelassenen Ecken.

ANTON legt an der Feldkante einige Dummys ab.

PLANMÄSSIGE SUCHE GEHT BIS ZU DEN RÄNDERN

Ihr Hund soll verstehen, dass er bis an die Ränder eines Gebietes suchen soll. Ihn hierzu nur über eine richtungweisende Geste zum Rand zu schicken, genügt meistens nicht. Denn diese zum Rand weisende Geste gibt ihm zwar die Richtung vor, sagt ihm aber nicht, dass er bis zur Grenze der Fläche laufen soll, um auch dort zu suchen. Zwar kann der Hund auch durch schrittweises Vergrößern der Suchgebiete lernen, immer größere Flächen abzusuchen. Die Ränder lässt er aber unter Umständen trotzdem noch aus. Sie brauchen also ein Signal, das er mit den Rändern in Zusammenhang bringen kann. Sie müssen ihm vermitteln, was ein Rand ist.

WEITE STRECKEN HABEN ES IN SICH

Je größer die Entfernung zur Feldkante/-grenze ist, desto schwieriger gestaltet es sich, den Hund von einer festen Position aus zu dieser zu schicken, ohne dabei selbst mitlaufen zu müssen. Damit das gelingt, beginnen Sie in der Nähe der Feldkante und arbeiten sich dann Meter für Meter zurück. Dabei verwenden Sie die richtungweisende Geste für „Voran". Sie soll dem Hund vermitteln, nach vorne zu laufen. Zusätzlich geben Sie das Hörzeichen „Hinüber" als Aufforderung, bis zum Rand zu laufen.

VORAN UND HINÜBER

So bauen Sie die Aufgabe auf: Bringen Sie Ihren Hund etwa 10 Meter entfernt von einem Feld oder Wiesenrand ins „Sitz". Dann gehen Sie zum Feldrand und legen dort sichtig für ihn an einer Stelle mehrere Dummys ab (siehe Abb. Seite 108). Wieder bei ihm zurück, schicken Sie ihn mit einer in Richtung der Dummys weisenden „Voran"-Geste (beide Arme und Ihr Körper weisen nach vorne) und dem Hörzeichen „Hinüber" nach vorne zum Feldrand (siehe Abb. unten). Während Ihr Hund Richtung Feldkante unterwegs ist, vergrößern Sie die Distanz. Gehen Sie dabei rückwärts, damit Sie den Hund im Blick behalten und das Aufnehmen des Dummys mit einem „Nimm so brav" bestätigen können. Wie gewohnt motivieren Sie ihn dann zu sich heran, tauschen und schicken ihn erneut. Das Schicken und Zurückgehen sowie die Distanz vergrößern, Dummy-bringen-lassen und Tauschen wiederholen Sie nun mehrere Male. Ziel ist es, dass der Hund später von einer Feldkante aus die gegenüberliegende Feldkante annimmt.

„VORAN" – „HINÜBER" Antons Körper und beide Arme weisen nach vorne in Richtung Feldkante.

DIE RANDKANTE IST WICHTIG

Die „Voran"-Geste und das Hörzeichen „Hinüber" kennt Ihr Hund jetzt. Wählen Sie nun die Größe des Feldes so aus, dass er bereits bei der ersten Signalgebung bis zum Rand läuft und damit die Wichtigkeit der Ränder besser verinnerlicht.

Das können Sie so aufbauen: Sie beginnen mit einer kleineren Fläche von ca. 40 Metern Seitenlänge und 30 Metern Breite (siehe Abb. rechts). Ihren Hund setzen Sie in der Mitte der schmaleren Kante D ab und lassen ihn zusehen, wie Sie auf den seitlichen Begrenzungskanten A (links) und C (rechts) in einer Reihe einige Dummys auslegen. Dann holen Sie Ihren Hund bei Kante D ab, gehen mit ihm in gerader Linie in Richtung Feldkante B bis auf Höhe des ersten Dummys. Dort bringen Sie Ihren Hund ins „Sitz". Nun bauen Sie Spannung auf, konzentrieren ihn und schicken ihn mit der hinweisenden „Voran"-Geste und zeitgleich einem ermunternden „Hinüber" in Richtung des ersten Dummys auf Kante A. Er findet das Dummy, bringt es zu Ihnen und Sie tauschen. Nun gehen Sie mit ihm entlang der Mittellinie bis auf Höhe des zweiten Dummys auf der linken Seite. Wieder bringen Sie den Hund ins „Sitz", bauen Spannung auf und konzentrieren ihn, bevor Sie ihn mit der Körpergeste „Voran" und dem Hörzeichen „Hinüber" zu Dummy 2 schicken. Lassen Sie Ihren Hund auf diese Weise alle Dummys am linken Rand (Kante A) einsammeln.

DIE „RECHTS"-GESTE gibt dem Hund die Richtung vor, wo er suchen soll.

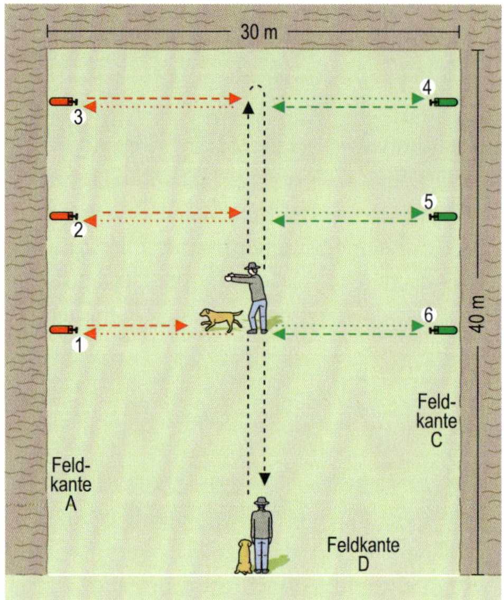

BIS ZUR RANDKANTE SUCHEN Dummys werden links (A rot) und rechts (C grün) abgelegt. Unterstützt durch „Voran" und „Hinüber" sucht der Hund von der Mittellinie aus.

Sind alle Dummys von Kante A eingesammelt, gehen Sie auf demselben Weg in Richtung Ausgangspunkt an Feldkante D zurück. Dabei lassen Sie Ihren Hund auf dieselbe Weise wie schon zuvor bei Kante A der Reihe nach alle Dummys entlang der Feldkante C apportieren.Damit sich das Gelernte verankert, wiederholen Sie diese Übungssequenzen an mehreren aufeinanderfolgenden Tagen. Zuerst die Dummys auslegen, dann den Hund holen und ihn wie gehabt mit „Voran"-Geste und „Hinüber"-Hörzeichen in Richtung Dummy schicken. Geht er wider Erwarten nicht bis an den Feldrand, helfen Sie ihm, indem Sie ihn im „Sitz" zusehen lassen, wie Sie dort ein oder zwei Dummys dazulegen. Bestimmt wird er sich erinnern, dass die Ränder den Erfolg versprechen.
Im Laufe der Zeit vergrößern Sie das abzusuchende Gebiet in Länge und Breite.

LINKS UND RECHTS SUCHEN

Der nächste Lernschritt ist nun, Ihrem Hund alle Grenzen eines Bogens zu verdeutlichen. Sie verwenden beim Schicken jetzt nicht die „Voran“-Geste, die den Hund in einer geraden Linie nach vorne schickt, sondern Sie signalisieren ihm, ob er nach links oder rechts suchen soll, indem Sie Ihren Arm entsprechend seitlich ausstrecken und dabei den Oberkörper ebenfalls in die gleiche Richtung bewegen (siehe Abb. Seite 112 oben).
Um die Geste für den Hund noch deutlicher zu machen, folgt auch Ihr Blick der hinweisenden Geste Richtung Dummy.
Bei dieser Übung schicken Sie den Hund abwechselnd einmal nach links und dann wieder nach rechts an die Kanten A und C (siehe Abb. Seite 112 oben), um dort ein Dummy zu suchen und zu apportieren.

So gehen Sie vor: Sie legen entlang der Kanten A, B und C mehrere Dummys im Abstand von einigen Metern aus, wobei die Dummys an den Kanten A und C versetzt zueinander positioniert werden sollten (siehe Abb. Seite 112 oben). An der Stirnseite (Kante B) platzieren Sie ein Dummy mittig, während die beiden anderen in den Ecken liegen. Jetzt holen Sie Ihren zuvor in der Mitte von Kante D ins „Sitz“ gebrachten Hund ab und schicken ihn mit deutlicher Körpergeste nach links (Kante A) in Richtung des ersten roten Dummys. Währenddessen bewegen Sie sich entlang der Mittellinie einige Schritte in Richtung Kante B. Der Hund apportiert das gefundene Dummy zur Mitte. Dann schicken Sie ihn nach rechts zum ersten grünen Dummy und gehen dabei wieder langsam weiter. Hat er das Dummy apportiert, schicken Sie ihn zum nächsten Dummy auf der linken, dann wieder zur rechten Seite, bis Sie kurz vor dem Ende des Bogens angekommen sind. Die Dummys an den Kanten A und C hat Ihr Hund nun alle eingesammelt. Zu guter Letzt darf er noch die Stirnseite Kante B ablaufen, um dort die restlichen Dummys einzusammeln. Dazu schicken Sie ihn einmal voran, dann nach links und dann nach rechts in die Ecken.

DIE „LINKS“-GESTE Eine deutliche Körpergeste um den Hund nach links zu schicken. Ebenso deutlich soll das nach Rechts-Schicken aussehen.

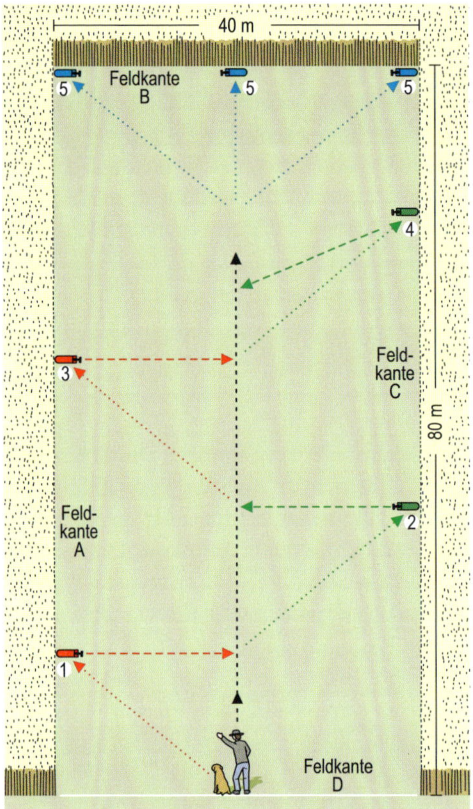

LINKS UND RECHTS SUCHEN Der Hund wird abwechselnd zur linken und rechten Kante geschickt. Die Linien zeigen seinen Weg zum Dummy und zurück.

ERSTE KLEINE QUERSUCHE

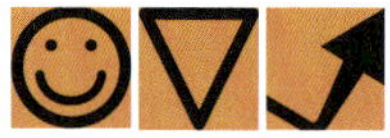

Meistert Ihr Hund das Absuchen der Bogenkanten, kann er nun die Dummys auch innerhalb des von Ihnen festgelegten Bogens suchen. Dazu legen Sie nicht nur an den Rändern, sondern auch innerhalb des Bogens nicht sichtig für den Hund mehrere Dummys aus. Dann schicken Sie ihn im Zickzack mit deutlicher Körpergeste abwechselnd nach links bis zur Außenkante, dann mit entgegengesetzter Körpergeste zur rechten Außenkante. Sie entfernen sich dabei immer nur wenige Meter von der Mittellinie (siehe Abb. Seite 110) des abzusuchenden Bogens. Das wird als Quersuche bezeichnet.

Sucht Ihr Hund das Gelände, in das er durch Ihr Signal für Links bzw. Rechts geschickt wurde, nur teilweise und nicht bis zur Außenkante ab, helfen Sie ihm durch die „Voran"-Geste und das motivierende „Hinüber", dass er seine Suche auch bis zur Kante ausdehnt. Hat er erstmal verstanden wie bei einer Quersuche vorgegangen wird, dann genügt es meist schon, dass Sie ihm nur mehr die Richtung, in die er jetzt suchen soll, deutlich über Ihren Körper anzeigen.

GEBIET ABSUCHEN Franzl wird von der Mittellinie des Feldes aus abwechselnd nach rechts und links bis an die Kanten geschickt.

Kleine Windkunde

Woher und wohin der Wind weht, beeinflusst bei der Quersuche die Suchweise eines Hundes und seinen Erfolg.

Der erfahrene Hund sucht sich anfangs selbstständig „guten“ Wind, das heißt, er läuft immer so, dass er seine Nase in den Wind dreht und ihm so die Geruchspartikel zugetragen werden. Der unerfahrene Hund bekommt Hilfestellung, indem man ihn bei einer Quersuche mit Gegenwind zur Suche losschickt. Ein Beispiel in drei Abbildungen verdeutlicht die Wichtigkeit der Beachtung des Windes. Das Gelände für die Suche ist ca. 40 Meter breit und 80 Meter lang. Ihr Weg und der Ablauf ist wie zuvor beschrieben: Von der Mitte schicken Sie Ihren Hund abwechselnd nach links und rechts und achten darauf, dass er auch die Ränder mitnimmt.
Wenn der Hund mit Gegenwind, kreuzt – Abb. 1 – können die Geruchspartikel der Dummys seine Nase treffen. In Abb. 2 (Mitte) sehen Sie, wie schwierig es wird, wenn der Hund bei Seitenwind auf die gleiche Weise wie bei Gegenwind zur Quersuche angesetzt wird. Hier treffen die Geruchspartikel nur bei der Kehrtwende an die Hundenase und das auch nur von einem nahe bei der Wende liegenden Dummy. Abb. 3 (rechts) erklärt, wie Sie den Hund in diesem Fall richtig ansetzen, damit er bei Seitenwind wieder mit Gegenwind sucht. Dazu teilen Sie das Gebiet in zwei Hälften. Nach dem Absuchen der ersten Hälfte, gehen Sie in einer geraden Linie vom linken zum rechten Rand zurück und setzen dadurch gleichzeitig eine für Ihren Hund deutliche Begrenzung für den jetzt linken Bogenrand bei der zweiten Suche.

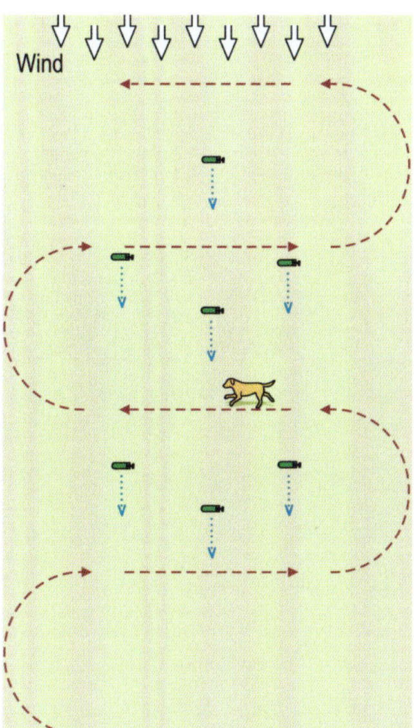

WIND GÜNSTIG Kreuzen im Gegenwind: Die Geruchspartikel treffen die Nase, er kann die Dummys finden.

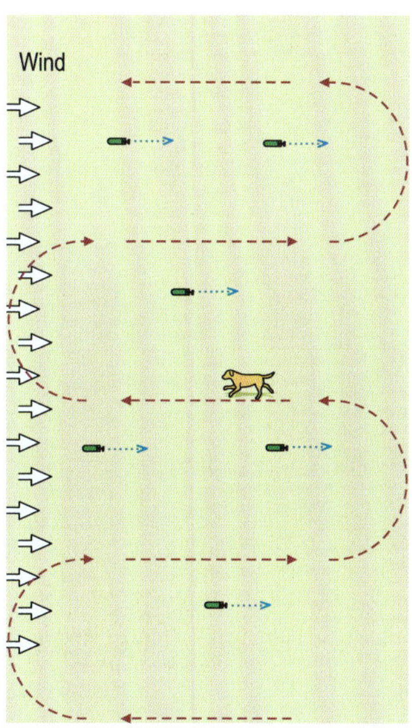

WIND UNGÜNSTIG Bei Seitenwind an der selben Stelle zur Quersuche ansetzen wie bei Gegenwind ist falsch.

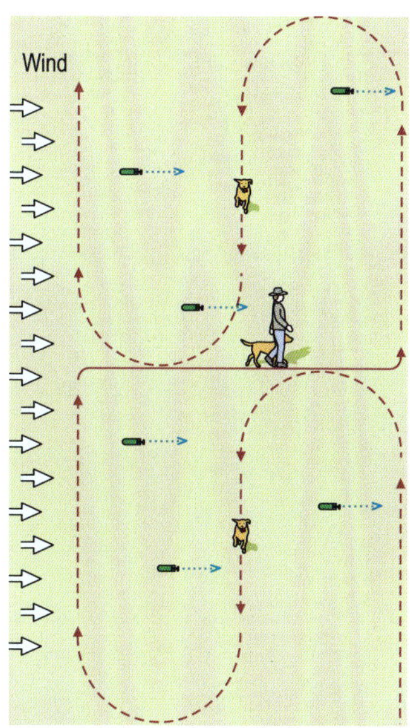

WIND GÜNSTIG Gebiet in zwei Hälften aufteilen, nacheinander durch Kreuzen des Windes absuchen lassen.

Die Fährten- oder

SPURENSUCHE

Schritt für Schritt zur Super-Spürnase

Das kleine ABC des Apportierens hat Ihr Hund inzwischen gelernt. Mit dem nun folgenden Teil des Buches will ich Ihnen mit meinen Ideen helfen, Ihren Hund zu einer Super-Spürnase auszubilden.

Die Freude am gemeinsamen Tun und die Herausforderung, die das Lösen von Aufgaben an Ihren Hund stellt, können Sie auch bei der Fährtensuche hervorragend nutzen. Hier gelingt es noch besser, den Hund von Reizen aus seinem Umfeld loszulösen, da das intensive Ausarbeiten einer Spur seine volle Konzentration fordert.
Bei der Fährten- oder Spurensuche wird der Hund lernen, sein Umfeld von sich aus zu ignorieren. Dazu gehören Artgenossen, Bewegungsreize von Radfahrern, Joggern oder spielenden Kindern ebenso wie Wildspuren und sogar flüchtig abgehendes Wild. Ihr Hund wird seinem Umfeld gegenüber Gelassenheit entwickeln, die sich nicht nur während der Suchübungen zeigt, sondern sein Verhalten ganz generell kennzeichnet.

FRAGEN RUND UM DIE FÄHRTEN- ODER SPURENSUCHE

Was ist Fährten- bzw. Spurensuche?

Im Gegensatz zur Verlorensuche, bei der ein Hund über freie Suche an das Objekt (Gegenstand oder Person) kommt, bedeutet Spurensuche, dass er eine Spur, auf die man ihn ansetzt, bis zu deren Ende verfolgt, ohne sich bei der Suche von dieser Spur ablenken zu lassen oder in Verleitungen zu gehen. Am Ende findet er ein abgelegtes Dummy oder die gesuchte Person.
Bevor ich Ihnen erkläre, wie Sie praktisch vorgehen sollten, möchte ich Ihnen noch einige wichtige Informationen mit auf den Weg geben.

Was brauchen Sie für die Fährtensuche?

- Dummys aus unterschiedlichen Materialien (siehe Seite 47).
- Kleine, leichte Flasche mit Wasser zum Benetzen des Dummys.
- Kleidungsstücke, persönliche Gegenstände, wie zum Beispiel Schuhe, als Geruchsstoffträger.
- Kleinen Käfig oder verschließbare Behälter oder Dosen für die Belohnung am Ende, an die der Hund nicht herankommen soll.
- Futternapf.
- Futterstückchen zur Belohnung.
- Eine etwa 1,5 Meter lange Schnur oder Kordel für das Ziehen der Schleppe.
- Fährtenleine (ca. 10 Meter) und Fährtenhalsband oder -geschirr.
- Fährtenmarkierband, Kreide oder Fähnchen zum Kennzeichnen der Spur (siehe Abb. Seite 127).
- Zettel und Stift, um den Spurenverlauf aufzuzeichnen.

Info

EIN HUND „SIEHT" DIE SPUR

Für die Hundenase setzt sich das Geruchsbild einer Fährte/Spur deutlich vom übrigen Untergrund ab. Er sieht diese gewissermaßen mit der Nase, ähnlich wie der Mensch eine gezogene Bleistiftlinie auf einem Blatt Papier. Damit auch Sie bei der Einarbeitung Ihres Hundes wissen, wo genau die Spur verläuft, ist anfangs eine gute Kennzeichnung wichtig.

GERUCHSSPUR durch abperlende Wassertropfen.

DOPPELTER SPURVERLAUF aus Schlepp- und Personenspur.

Welche Arten von Spuren gibt es?

Wurfspur: Flugspur eines geworfenen, trockenen Dummys, weil sich dabei Flusen vom Dummy lösen.
Tropfspur: Flugspur eines geworfenen, nassen Dummys, weil dabei zusätzlich zu Flusen noch Wassertropfen vom Dummy abgegeben werden oder Tropfspur, wenn Wasser über ein Dummy läuft.
Schleppspur: eine durchgehende Spur am Boden, verursacht durch ein gezogenes trockenes oder nasses Dummy und dessen Abrieb.
Personenspur: eine Spur, die hinterlassen wird, wenn sich eine Person von einem zu einem anderen Ort zu Fuß weiterbewegt.

Wie muss man sich eine Schleppspur vorstellen?

Eine Schleppspur ist für den Hund wie eine durchgehende „Straße“, die ihn an ein bestimmtes Ziel führt. Lässt er sich von dieser Spur beziehungsweise „Straße“ nicht abbringen, egal, welche anderen Spuren, sprich „Wege“, sie kreuzen, dann bereitet es ihm später auch kein Problem, bei einer Übung in wildreichen Gebieten die „Straße“ eines geschleppten Dummys konsequent zu halten und die Witterung von Wildspuren auszuklammern.

Wie muss man sich eine Personenfährte vorstellen?

Die Fährte einer Person setzt sich im Wesentlichen aus zwei Teilen zusammen: Bodenverletzung und Individualgeruch.
Bewegt sich ein Mensch in der Natur, entstehen entsprechend der Körpermaße und der Beschaffenheit des Untergrundes mehr oder weniger starke Bodenverletzungen (zum Beispiel zertretene Gräser), bei denen auch Kleinstlebewesen zerdrückt werden. Diese Gerüche nimmt der Hund mit seiner feinen Nase auf und unterscheidet sie von den anderen Gerüchen der Umgebung. Jede Fährte trägt ein individuelles Geruchsbild. Deshalb ist es für den Hund überhaupt möglich, anhand der unterschiedlichen Geruchsmoleküle Fährten voneinander zu unterscheiden, auch wenn sich diese kreuzen, knapp neben- oder übereinanderliegen oder zu unterschiedlichen Zeiten entstanden sind.
Zusätzlich zur Bodenverletzung hinterlässt auch der Fährtenverursacher, also der Mensch, Geruchsstoffe, wie zum Beispiel Hautschuppen, Haare oder Schweißpartikel, die sich wie feinster Ascheregen absetzen oder am Bewuchs abgestreift werden. Es bleibt auch noch die eine oder andere Kleidungsfluse hängen.

SEIFENBLASEN machen komplexe Windverhältnisse sichtbar.

WAS MAN SONST NOCH WISSEN SOLLTE

Kleine Windkunde

Die Windrichtung beeinflusst die Suchweise eines Hundes. Achten Sie deshalb bei jeder Suche darauf, woher der Wind weht. Ein erfahrener Hund sucht überwiegend gegen den Wind, das heißt, heranfliegende Geruchspartikel treffen seine Nase und ziehen ihn direkt in Richtung des gesuchten Objektes. Spuren werden deshalb bei Seitenwind oft versetzt zum Verlauf verfolgt.

Wohin fliegen Geruchspartikel?

Unabhängig davon, ob eine Person von Punkt A nach Punkt B geht, ob ein Objekt geworfen wird oder der Mensch es irgendwo ablegt, Sie sollten immer wissen, wohin sich die von einer Person und/oder Apportiergegenständen lösenden Geruchspartikel bewegen. Abgesehen von der Beschaffenheit der Geruchspartikel hängt die „Gestalt" einer Fährte/Spur noch von drei weiteren Faktoren ab: Temperatur, Luftfeuchtigkeit und Wind.

Wenn Sie eine Windprobe machen (Seifenblasen, Rauch, angefeuchteten Finger in die Luft halten), um die Windrichtung festzustellen, sollten Sie beachten, dass am Boden oft andere Bedingungen herrschen als weiter oben. Kalte Luft fließt, ähnlich wie Wasser, nach unten und warme Luft strömt aufwärts. Bei abkühlenden Temperaturen, zum Beispiel abends, fällt die Luft nach unten, während die sich erwärmende Luft an einem sonnigen Morgen nach oben steigt. Sucht der Hund also morgens in hügeligem Gelände, hat sich der Boden oben am Hügel schon schneller erwärmt als unten im Tal. Das verursacht Aufwinde und die Geruchsmoleküle steigen hangaufwärts.

Bei einer Suche an einem Spätnachmittag oder frühen Abend im Sommer müssen Sie bedenken, dass die warme Luft des Bodens auf kühlere Luftschichten von oben trifft. Dadurch entstehen Turbulenzen, die Geruchspartikel oft weit und unkontrolliert fliegen lassen. Auch können sich Geruchspartikel an

Info

GERUCHSVERDICHTUNGEN
Eine Geruchsverdichtung, auch Geruchsansammlung oder Geruchspool genannt, ist eine geschützte Stelle (zum Beispiel Senke, Hausecke, Holzstoß, hoher Bewuchs etc.), an der sich der Geruch deutlich intensiviert, weil er beispielsweise nicht weiter weggetragen wird und/oder sich durch Feuchtigkeit, Temperaturwechsel etc. verdichtet hat.

NATÜRLICHE GERUCHSVERDICHTUNG
Die Entstehung einer Geruchsansammlung ist abhängig von Temperatur, Witterung, Art des Untergrundes, der Windstärke beziehungsweise den Luftströmungen, der Tages- und Stehzeit, der Beschaffenheit des Geruchsstoffes und des Geländes.

KÜNSTLICHE GERUCHSVERDICHTUNG
Sie wird erzeugt durch Verweilen, Schrittanhäufung, Reibung eines Gegenstandes am Boden, Aufbringen von Geruchsstoffträgern (z. B. Wasser).

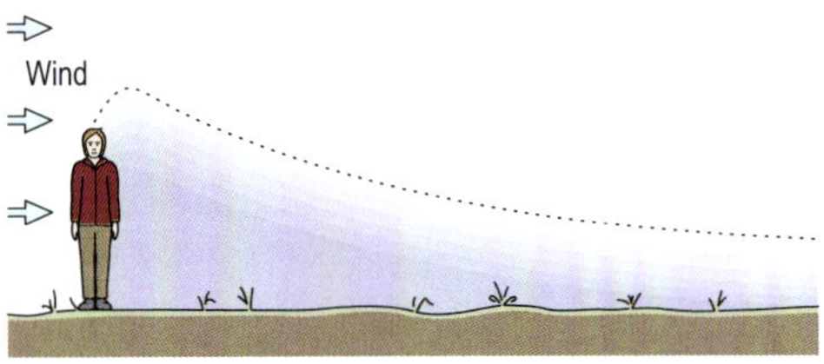

BILD 1 Die Geruchspartikel verflüchtigen sich in Windrichtung und sinken dann zu Boden.

BILD 2 Wohin Geruchspartikel fliegen, ist abhängig von Wind, Gelände und Bewuchs.

Büschen, in Vertiefungen oder Nischen fangen. Sie verdichten sich also manchmal an Stellen, an denen sich der gesuchte Gegenstand oder Mensch gar nicht befindet.

Feuer, Rauch und Ascheregen

Stellen Sie sich vor, die in den beiden Bildern abgebildete Person wäre ein Feuer und der Wind verweht den durch das Feuer entstehenden Rauch und die Asche. Die beiden Beispiele verdeutlichen, was mit Rauch und Ascheregen, also den Geruchspartikeln, geschehen könnte.

Zu Bild 1: Die Person steht auf einer ebenen Fläche. Handelte es sich um ein Feuer, würden sich Rauch und Ascheregen gleichmäßig in Windrichtung bewegen und sich ebenso wie hier die Geruchspartikel des Menschen am Boden absetzen.

Zu Bild 2: Obwohl die Person von links unten her gelaufen kommt, erfasst der Hund deren Geruchsmoleküle – abhängig von Gelände und Bewuchs – nicht nur auf der „heißen“ Fährte, sondern auch versetzt als Ascheregen neben der Fährte. Ab dem Winkel verläuft die Geruchswolke (Rauch) sogar in Windrichtung geradeaus weiter. Jetzt kommt es darauf an, von welcher Seite der Hund die Suche startet. Trifft er von links unten kommend (Hund 1, rot) auf die „heiße“ Fährte – sprich Bodenverletzung durch die Person und die von ihr abgefallenen Partikel – führt diese ihn zur Person. Den in Windrichtung verlaufenden ersten Teil der Fährte wird er spurgenau verfolgen, während er nach dem Rechtswinkel – bedingt durch den Wind – die Fährte unter Umständen versetzt nachsucht. Kommt der Hund von rechts unten (Hund 2, hellblau), sucht er zuerst über die Geruchswolke, die ihm der Wind zuträgt. Dabei stößt er dann auf die eigentliche Fährte, die ihn zur Person führt.

Wichtig

WOHIN GERUCHSPARTIKEL GETRAGEN WERDEN IST ABHÄNGIG VON:

- ihrer Beschaffenheit;
- Windstärke und -richtung;
- Witterung (trocken, feucht, nass);
- Temperatur (Minusgrade, kalt, warm, heiß);
- dem Gelände (freie, flache Fläche bzw. hügelig, bergig);
- dem Bewuchs (lichter Wald oder dichtes Unterholz) und der Bewuchsart (Busch, Laub- oder Nadelbäume, Getreidefeld, Schilf);
- den Hindernissen (Holzstoß, Scheune etc.).

Den Hund für Schleppen- und Fährtenarbeit begeistern

In der Einleitung zu den Apportieraufgaben hatte ich Ihnen bereits einige Möglichkeiten aufgezeigt, wie Sie Ihren Hund ans Apportieren heranführen können. Jetzt gilt es, ihn für Dummyschleppen und/oder das Suchen von Personenfährten zu begeistern.

INTERESSE WECKEN

Damit Ihr Hund sich für Spuren und Fährten begeistert, braucht es einen Reiz als Auslösefaktor, der bewirkt, dass er sich erst einmal für die Spur interessiert, die Sie ihm zeigen. Der Auslösereiz kann über die Nase vermittelt werden, zum Beispiel durch Geruchsstoffe, die den Hund stark anziehen, wie etwa Futter oder sein Lieblingsdummy. Aber auch über einen Bewegungsreiz kann man Hunde zum Suchen animieren, wenn z. B. das Dummy oder die Person flieht und dabei außer Sicht verschwindet und nur noch eine Spur hinterlässt. Auf welchen Auslösereiz ein Hund stärker reagiert, hängt auch hier meist von der Rasse ab. Oft braucht es eine Kombination aus beiden Auslösefaktoren, um das Interesse des Hundes für die Spur zu wecken.

Info

AUSLÖSEFAKTOREN

Auslösefaktoren, die beim Hund das Interesse für eine Schleppspur oder Personenfährte wecken, sind:

- Nase: Geruchsstoffe, die den Hund anziehen
- Auge: Bewegung oder Fliehen von Objekt oder Person

VERHALTENSKOPPLUNG und Nachahmung gehören zum angeborenen Verhaltensrepertoire von Hunden und lassen sich gut nutzen.

Schritt für Schritt zur Dummyschleppe

Es gibt diverse Auslöse- und Motivationsfaktoren, mit denen man einen Hund dazu bringen kann, eine Dummyspur zu verfolgen.

MÖGLICHKEIT 1

Vom Apport zum Geruch der Dummyspur

Bei dieser Herangehensweise benötigen Sie zwei Dummys aus gleichem Material, zum Beispiel zwei Jutedummys, die Sie zur Geruchsüberlagerung in einer Tüte oder in Ihrer Dummytasche aufbewahrt hatten. Mit Dummy 1 wird als Erstes die Schleppspur gezogen. Mithilfe von Dummy 2 stellen Sie Ihren Hund durch Apportieren auf den Geruch der Schleppspur ein, die ja ebenfalls nach dem Jutedummy riecht. Dazu lassen Sie Ihren Hund Dummy 2 zwei- bis dreimal apportieren (siehe Fotos Seite 121).

DAS SUCHVERHALTEN dieses Hundehalters löst „provozierendes" Verhalten beim Hund aus.

So gehen Sie vor: Sie markieren den Anfangspunkt. Dann binden Sie an Dummy 1 eine Schnur, ziehen damit eine ca. 50 Schritte lange Schleppspur (Abb. 1) und legen es am Endpunkt ab.
Anschließend holen Sie Ihren Hund und gehen in die Nähe des Schleppenbeginns. Dort nehmen Sie das zweite Dummy aus Ihrer Dummytasche und werfen es einen Meter entfernt, sichtig für Ihren Hund, vor sich hin. Dann zeigen Sie in Richtung Boden zum Dummy, schnippen dabei und ermuntern Ihren Hund, es mit „Such" aufzuheben (Abb. 2). Nach dem Tauschen werfen Sie es unbemerkt für den Hund hinter sich (Abb. 3) und wiederholen das Ganze: In Richtung Dummy schnippen (Abb. 4) und nachdem Sie abermals getauscht haben, das Dummy wieder für den Hund unbemerkt hinter ihn zu Boden fallen lassen. Erneut schnippen Sie in Richtung Boden, jedoch nicht unmittelbar auf das hinter ihm versteckt liegende Dummy, sondern etwas seitwärts versetzt, sozusagen ins Nichts (Abb. 5). Ihr Hund wird jetzt seine Nase einsetzen und das Dummy über die Geruchsmoleküle, die über die Luft an seine Nase gelangen, finden (Abb. 6).
Nach abermaligem Tauschen führen Sie ihn an den Schleppenabgang heran, zeigen in Richtung Spur und schnippen dabei (Abb. 7). Der Hund beginnt wieder nach dem Dummy zu suchen und stößt nun auf die nach diesem riechende Schleppspur. Denn dort am Boden befinden sich von dem zu Beginn der Übung geschleppten Dummy Geruchsmoleküle, die sich aus dem Abrieb ergeben haben. Diese ziehen seine Nase an und führen ihn direkt zum Dummy.

AUSLÖSEFAKTOR
Vom Dummy zur Spur

[1]

[2]

[3]

[4]

[5]

[6]

[7]

SCHNIPP UND SUCH Vom sichtig geworfenen Dummy über ein „Blind" zur Spur. In logischen und einfachen Schritten lässt sich der Hund über Apportieren und hinzeigendes Fingerschnippen auf das Aufnehmen einer Dummyspur einstellen.

[1] Anton zieht die Schleppe mit Dummy 1.

[2–4] Durch wiederholtes Schnippen und Apportieren stellt Anton Franzl mit Dummy 2 auf den speziellen Geruch des Dummys ein.

[5–6] Das „Blind" sensibilisiert Franzls Nase.

[7] Der Geruch des Dummys führt Franzl über die Schleppspur zum Erfolg.

MÖGLICHKEIT 2

Vom Geruch der Knochensocke zur Dummyspur

Die nachfolgend beschriebene Herangehensweise bedient sich wieder der Kalbsknochensocke (siehe Seite 58), deren Geruch ein Hund nur schwer widerstehen kann.

So gehen Sie vor: Sie geben einen Kalbsknochen in eine Socke, befestigen daran eine dünne Schnur und ziehen die Socke eine gerade Strecke von ca. 50 Schritten am Boden hinter sich her. Danach holen Sie Ihren Hund, legen ihm Fährtenhalsband und Fährtenleine an und führen ihn unauffällig an die Spur heran, sodass er sie kreuzen kann. Trifft er auf die Spur, zieht es seine Nase höchstwahrscheinlich zu dieser hin und er wird beginnen, ihr zu folgen. An der Socke angekommen, wird gegen etwas Schmackhafteres getauscht.
Dann geht es gleich weiter. In derselben Socke wird nun an Stelle des Kalbsknochens ein Dummy platziert und damit ein weiteres Mal eine Schleppspur erzeugt. Achten Sie auf ausreichende Entfernung zur vorangegangenen Spur, damit er nur die neue Spur in die Nase bekommt.
Im dritten Schritt lassen Sie die Socke weg und ziehen nur das Dummy hinter sich her. An diesem befinden sich immer noch genügend Geruchsspuren von Socke und Kalbsknochen, sodass es als Anreiz fürs Suchen genügt. Hat er das Ende der Fährte und damit das Dummy gefunden, wird er wieder mit Futter und Lob belohnt.

MÖGLICHKEIT 3

Vom Marking zur Dummyspur

Wenn Ihr Hund gerne apportiert, Dummys auch in höherem Bewuchs mittels seiner Nase Frei-Verloren (siehe Seite 103) sucht und Marking (siehe Seite 92) bereits kennt, können Sie ihn auch über folgende Übung an eine Dummyschleppe heranführen. Sie bringen ihn ins „Warte, es folgt eine Aufgabe" (siehe Seite 43, Bleib 2) und zeigen ihm ein an einer Schnur befestigtes Dummy. Jetzt gehen Sie – das Dummy dabei hinter sich herziehend – außer Sicht, zum Beispiel hinter ein Gebäude. Eine Strecke von 50 Schritten außer Sicht genügt für den Anfang. Wählen Sie als Endpunkt der Spur einen Platz mit Bewuchs, der verhindert, dass Ihr Hund das Dummy bereits mit den Augen entdecken kann, wenn er um die Ecke des Gebäudes biegt. Dann kehren Sie zurück zu ihm und ermuntern ihn mit einem „Such", das Dummy zu suchen. Dabei bewegen Sie sich zur Gebäudekante in die Richtung, in der das Dummy für den Hund außer Sicht geriet. Wenn er nicht bereits die Nase auf den Boden genommen hat, wird er dort, wo er das Dummy zuletzt sehen konnte und das Verschwinden markiert hat, seine Nase einsetzen und auf die Spur stoßen. In dem Moment, wo er die Nase tief nimmt, bestätigen Sie sein Suchverhalten mit einem „Such, so brav".

MÖGLICHKEIT 4

Über einen Bewegungsreiz zur Dummyspur

Zeigt Ihr Hund kein Interesse, wenn Sie das Dummy hinter sich herziehen, dann erhöhen Sie die Reizlage für ihn, indem das Dummy vorher deutlich zum Leben erweckt wird. Das lässt sich am besten mit einem Helfer bewerkstelligen, da der dazu notwendige Bewegungsreiz die Steadiness Ihres Hundes sprengen dürfte.

Das geht so: Sie haben Ihren Hund an der Fährtenleine, während der Helfer ein Dummy an einer Schnur so bewegt, dass dieses dabei wie lebendig hin und her hüpft. Gestatten Sie Ihrem Hund, es zwei oder drei Mal zu fangen. Dann verschwindet der Helfer mit dem hinter ihm her hüpfenden Dummy außer Sicht und versteckt es. Ihr Hund ist jetzt noch voller Aktionshormone und wird entsprechend seine Nase einsetzen, um wieder an das Dummy zu kommen.

Den Schleppenbeginn definieren

Die Basis ist gelegt. Jetzt können Sie Ihren Hund durch Dummyschleppen anspruchsvoll beschäftigen und ihn dadurch noch ein Stück mehr auslasten.

Damit der Hund weiß, wo es losgeht und was er suchen soll, erzeugen Sie für ihn einen Fährtenabgang. Hierbei stehen mehrere Herangehensweisen zur Verfügung.

MÖGLICHKEIT 1

Künstliche Geruchsverdichtung am Schleppenbeginn

Sie führen den Hund an den Anfangspunkt der Dummyschleppe, an dem eine Geruchsverdichtung (siehe Seite 117, Kasten) geschaffen wurde, und lassen ihn diese Stelle ausgiebig beschnüffeln, damit er den Geruch aufnehmen und abspeichern kann. Diese Geruchsverdichtungen können Sie punktuell, klein- bis großflächig verstreut und dabei von intensiv bis hauchdünn auf unterschiedliche Art und Weise wie folgt erzeugen:

- Reichlich Wasser über ein Dummy schütten und auf den Boden tropfen lassen. Das Wasser wird zum Geruchsstoffträger, der sich am Boden absetzt.
- Ein trockenes oder nasses Dummy kräftig auf dem Boden hin und her reiben. Dadurch ergibt sich eine Bodenverletzung und es bleiben am Untergrund mikroskopisch kleine Teilchen des Dummys haften.
- Eine Spirale mit dem Dummy ziehen. Entweder von innen nach außen oder umgekehrt (Abb. S. 124). Damit Ihr Hund sich gut auf den Geruchsstoff des Dummys einstellen kann, sollte der Durchmesser der Spirale zwischen drei und vier Meter betragen.

AUCH WASSER bindet Geruchsstoffe und kann somit verwendet werden, um eine Geruchsverdichtung am Schleppenbeginn zu erzeugen.

EINIGE GEGENSTÄNDE, die als Geruchsstoffträger dienen können: T-Shirt, Bürste, Halstuch, Kamm, Handschuh, Geldbörse.

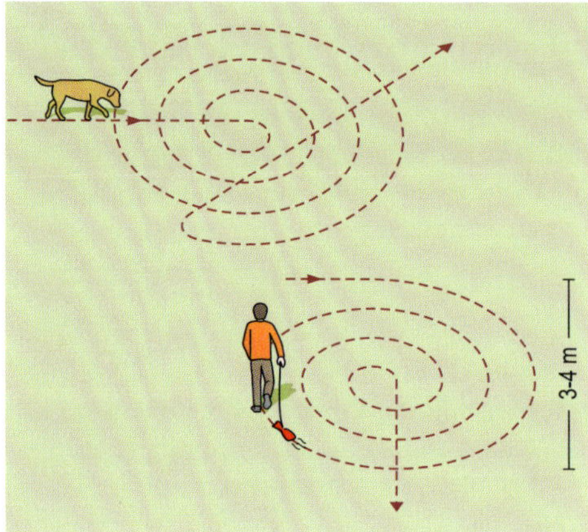

DIE SPIRALE kann von innen nach außen gehen (linke Abb.) oder von außen nach innen (rechte Abb).

MÖGLICHKEIT 2

Geruchsstoffträger mit dem zu suchenden Geruch

Sie gehen in die Nähe des Schleppenbeginns und bieten Ihrem Hund einen Geruchsstoffträger an (siehe Kasten unten), um ihn bereits vor der Schleppensuche auf den Geruch des zu suchenden Dummys und die Spur einzustellen. Nachdem er den Geruchsartikel ausgiebig beschnüffeln durfte und den Geruch abspeichern konnte, führen Sie ihn unauffällig in den Bereich des Schleppenanfangs, den er jetzt selbst suchen darf. Oder Sie gehen kurz hinter den Spuranfang, damit er durch Kreuzen auf die Spur stößt.

Info

GERUCHSSTOFFTRÄGER UND -ARTIKEL

Beide sind nützliche Hilfsmittel, über die Sie einen Hund auf den „richtigen" Geruch einstellen können. Sie vermitteln ihm damit, wen oder was er suchen soll. Beide können zur späteren Verwendung in Plastiktüten aufbewahrt werden.

Geruchsstoffträger sind z. B. ein getragenes Kleidungsstück, dem Geruchsstoffe der Suchperson anhaften, oder ein Gegenstand, der am Körper getragen (Dummy in der Hosentasche) oder einfach nur berührt wurde. Ebenso bindet Wasser Geruchsstoffe und kann dem Hund als Geruchsstoffträger angeboten werden, z. B. wenn es über Hände, ein Kleidungsstück oder einen Gegenstand geronnen ist.

Geruchsartikel sind z. B. Objekte, Hautschuppen, Spucke, Gegenstände oder Teile davon, Bestandteile von Dingen oder bestimmte Substanzen, wie sie in Drogen, Sprengstoff oder Nahrungsmitteln vorkommen.

BEIDES WIRD ANGEWANDT, WENN DER HUND

- einen spezielle Person suchen soll,
- ein Dummy oder einen Schuh (siehe Seite 101, 134) aus anderen Gegenständen herausfiltern soll,
- dort eine Spur suchen soll, wo bereits andere Hunde vorgesucht haben,
- eine bestimmte Spur suchen soll, obwohl das Gebiet mit Verleitungen übersät ist.

GERUCHSSTOFFTRÄGER *mit Dummyschleppe*

DER HUND soll ein Dummy suchen. Dafür wird ein Geruchsstoffträger hergestellt, indem der Geruch des Dummys zum Beispiel auf ein Küchenvlies übertragen wird. Dann wird mit dem Dummy eine Schleppspur gelegt.

[1] Das Dummy liegt auf einem Küchenvlies, über beides wird Wasser gegossen. Dadurch bleiben auf dem Tuch Geruchspartikel des Dummys haften und am Boden ergibt sich durch das Wasser, das ebenfalls Geruchsstoffe des Dummys aufnahm, eine Geruchsverdichtung als Fährtenanfang. Anton legt das Küchenvlies als Geruchsstoffträger in eine neue Plastiktüte (mit Zippverschluss). Mit dem Dummy zieht er jetzt eine Schleppspur.

[2] Zurück bei Franzl legt Anton ihm Fährtenhalsband und Fährtenleine an. Damit Franzl sich auf den Geruchsstoff einstellen kann, den er suchen soll, lässt Anton ihn am nassen Küchenvlies schnüffeln.

[3] Franzl findet selbstständig den Schleppenanfang und sucht ruhig und konzentriert.

[4] Franzl hat das Dummy gefunden, Anton freut sich und lässt es ihn zum Ausgangspunkt zurücktragen. Dort wird getauscht.

Die Dummyschleppe spannend gestalten

Hunde suchen gerne spannend gestaltete Schleppen. Passen Sie den Schwierigkeitsgrad an den Leistungsstand des Hundes an, damit er nicht durch Misserfolg sein Interesse an der Suche verliert.

DIE EINFACHE DUMMYSCHLEPPE

Legen Sie einen Schleppenabgang wie bei Möglichkeit 1 oder 2 beschrieben (siehe Seite 123). Dann ziehen Sie mit einem Dummy (nass oder trocken) eine gerade Linie von ca. 100 Metern und legen es am Ende ab. Hat der Hund die Spur an der Fährtenleine bis zum Dummy verfolgt, erhält er dafür seine Futterration.
Wenn Sie dies über mehrere Tage immer kurz vor den Fütterungszeiten praktizieren, versteht der Hund sehr schnell, dass er nach dem Suchen einer Schleppe sein Futter bekommt. Als Variante können Sie Ihren Hund das Dummy auch verweisen (siehe Seite 154) oder aufnehmen und zum Ausgangspunkt zurücktragen lassen und erst dort tauschen.

Von der Geraden zum Bogen und zum Winkel

Meistert Ihr Hund die einfachen und anfangs gerade verlaufenden Schleppen, erhöhen Sie den Schwierigkeitsgrad, indem Sie die Zeit verlängern, die zwischen dem Legen der Spur und der Suche liegt. Zudem können Sie die Schleppenlänge ausdehnen und später auch einen, dann mehrere Winkel einbauen. So fördern Sie seine Konzentrationsfähigkeit.
Damit die ersten Winkel für Ihren Hund einfacher sind, legen Sie ihm diese als leichte Kurven. Nach und nach werden die Winkel stumpfer bis hin zu spitzen 45-Grad-Winkeln. Hier sind Ihrer Kreativität keine Grenzen gesetzt. Hat der Hund Schwierigkeiten, eine Ihrer Finessen auszuarbeiten, reduzieren Sie diese wieder bis hin zu dem Punkt, wo er die Herausforderung erfolgreich meistert.

EINE GUTE KENNZEICHNUNG des Schleppenverlaufes ist bei weiten Flächen sowohl auf der gerade gezogenen Spur wie auch bei den Winkeln unabdingbar.

Gute Kennzeichnung ist unabdingbar

Als Grundvoraussetzung für gutes Winkeltraining sollten Sie die genaue Position und Richtung eines Winkels kennen. Ebenso wichtig ist natürlich das exakte Auszeichnen des Schleppen- oder Fährtenverlaufs.

Das geht folgendermaßen: Für die Kennzeichnung der Spur haben Sie entweder ein Fährtenmarkierband, Kreide oder Fähnchen eingepackt. Oder Sie schneiden sich kurze Stöckchen oder Äste vor dem Ziehen des Dummys beziehungsweise dem Treten der Spur zurecht.

Der Ausgangspunkt der Spur wird wie auf den Seiten 123 und 138 beschrieben angelegt. Bevor Sie nun losmarschieren, suchen Sie sich zum Beispiel einen markanten Baum oder ein Gebäude und laufen in einer geraden Linie darauf zu. Nach einer gewissen Strecke setzen Sie die Winkelmarkierung und suchen sich einen neuen Zielpunkt, in dessen Richtung Sie weitergehen. Bei mehreren Winkeln wiederholen Sie das Ganze bis zum Ende der Fährte.

Markierschema

Gewöhnen Sie sich ein immer gleichbleibendes Markierschema an. Entsprechend dem Spurverlauf kommen unterschiedliche Markiergegenstände zur Anwendung (siehe Abb.). In der Stadt auf geteertem Untergrund sind mit Tafelkreide gezeichnete Pfeile hilfreich. Auf kurz gemähter Wiese genügt meist ein Markieren des Winkels mit Richtungsweisern. Dazu verwenden Sie beispielsweise kleine Stöckchen, mit deren Hilfe Sie auch den Verlauf von einem zum nächsten Winkel problemlos erkennen können. Im Wald ist es durch den Bewuchs schon deutlich schwieriger, den genauen Schleppen- oder Fährtenverlauf so zu kennzeichnen, dass die Markierungen später beim Suchen noch zu sehen sind. Deshalb ist es empfehlenswert, Bäume und Sträucher immer an derselben Seite zu kennzeichnen und zu passieren. Sie gehen zum Beispiel immer links an der Markierung vorbei.

Klare Markierschemata helfen Ihnen außerdem, den Hund besser lesen zu lernen, da Sie unter anderem erkennen können, ob er der Geruchsspur im Wind folgt, also auch mal versetzt zur Trittspur sucht, und ob er die Nase hochnimmt und die Geruchsstoffe des Schleppen-/Fährtenlegers, die sich an Bäumen, Mauern oder höherem Bewuchs festgesetzt haben, miteinbezieht.

BASISUTENSILIEN zum Auszeichnen von Fährten in der Stadt und in der Natur.

Tipp

Entfernen Sie Ihre Markierungen immer gleich nach der Suche wieder. Das ist 1. umweltschonend, 2. dankt es der Landwirt und 3. bei häufigerem Legen von Schleppen oder Fährten im selben Gebiet wissen Sie bald nicht mehr, wo der aktuelle Spurverlauf ist, weil Sie immer wieder auf „alte" Markierungen stoßen.

WINKELTRAINING IST HILFREICH

Ein unerfahrener Hund hat anfangs oft Schwierigkeiten, einen Winkel auszuarbeiten. Umso wichtiger ist es, zu wissen, wo der Winkel verläuft. Lassen Sie Ihren Hund nicht frei suchen, sondern führen Sie ihn an einer mindestens 10 m langen Fährtenleine. Überläuft er einen Winkel, können Sie ihn unauffällig damit unterstützen.

WINKELTRAINING
mittels Leinenhandling

[1]

[1] Der Hund überläuft den Winkel, Michl bremst ihn sanft ab und bleibt stehen.

[2–3] Der Hund beginnt nach links in einem Bogen zu suchen und wird nicht fündig, da es sich um einen Rechtswinkel handelt. Michl wartet, ohne Hilfestellung zu geben.

[4] Der Hund hat die Fährte wieder gefunden und es geht weiter.

[5] Beim nächsten Winkel wird der Hund sanft gebremst, so dass er diesen nicht überlaufen kann.

[2]

[3]

[4]

[5]

Das geht so: Sie nähern sich auf der gerade verlaufenden Schleppspur gemeinsam mit dem Hund seinem ersten Winkel. Beobachten Sie zunächst, ob er diesen problemlos ausarbeitet. Überläuft er ihn (Abb. 1), bleiben Sie drei bis vier Schritte vor dem Winkel stehen, damit er ihn nicht zu weit überschießt.
Da er über Ihr Stehenbleiben am Weitergehen gehindert wird, kann er jetzt nur noch im Radius der Fährtenleinenlänge agieren. Er kommt nun entweder zu Ihnen zurück und damit wieder auf die Spur, oder er kreist um den Winkel herum (Abb. 2+3), kreuzt hierbei den neuen Spurverlauf nach dem Winkel und sucht weiter (Abb. 4).
Zeigt der Hund beim nächsten Winkel wieder Probleme, geben Sie ihm erneut eine unaufdringliche Hilfestellung, indem Sie ihn kurz davor sanft einbremsen und er sich dadurch langsamer und konzentrierter an den Winkel heransucht (Abb. 5).

Eine weitere Möglichkeit, den Hund beim Überlaufen eines Winkels wieder zur Fährte zu bringen, ist folgende: Suchen Sie langsam, aber sehr interessiert auf der Spur in Nähe des Winkels weiter (siehe Abb. unten rechts). Haben Sie dabei etwas Geduld. Ihr Hund wird es bemerken und herankommen, um herauszufinden, was es da Interessantes gibt. Findet er dennoch nicht heraus, wo die Spur weitergeht, dann suchen Sie weiter auffällig und ausgiebig den Winkel ab und drehen sich dabei mit Ihrem Körper in die neue Spurrichtung.
Durch die Begrenzung der Fährtenleine wird er sich irgendwann Ihnen und damit dem weiteren Spurverlauf nähern und schließlich die Schleppspur weiter arbeiten.
Der Hund lernt auf diese Weise, dass er beim Abreißen der Spur – also beim Überlaufen eines Winkels – zu dieser Stelle (dem Fährtenabriss) zurücksuchen muss.
Ein spezielles Winkeltraining mit lang gezogenen Schlangenlinien, die immer mehr zu 90-Grad-Winkeln werden, um dann im Zick Zack weiterzuführen, lässt ihn sicherer werden.

Hunde lieben spannende Spurverläufe

Lernt ein Hund, sich lange auf eine Spur zu konzentrieren, wird er sich auch länger auf Sie konzentrieren können. Um diese Fähigkeit der hohen Konzentration zu erreichen, sollten Ihre Suchübungen nicht immer denselben Aufbau haben, sondern variantenreich sein. Der Hund erwartet andernfalls von Ihnen nur mehr langweilige Routine, sein Suchverhalten wird schnell und oberflächlich, er wird unkonzentriert oder stellt das Suchen ganz ein. Dabei verhält er sich oft unruhig oder überdreht und findet alles andere interessanter als diese 08/15-Beschäftigung.
Seien Sie also kreativ. Arbeiten Sie mit immer wechselnden Spurlängen und Verlaufsformen auf immer neuem Gelände und verwenden Sie Dummys aus unterschiedlichem Material. Ebenso wichtig sind unterschiedliche Bewuchshöhen und Geländewechsel innerhalb eines Spurverlaufs. Überqueren Sie Wege, auch geteerte, oder einen Graben, durchqueren Sie Pfützen oder unter Wasser stehende Wiesen. Legen Sie die Spur über Hindernisse wie Äste oder Baumstämme hinweg und auch mal durch dichtes Gestrüpp. Wechseln Sie vom Feld in den Wald und umgekehrt. Ziehen Sie Dummyschleppen über Großparkplätze und durch Fußgängerzonen. Je vielseitiger die Spuren gelegt werden, umso konzentrierter wird der Hund sie suchen.

DEM HUND HELFEN Selbst suchen als unaufdringliche Hilfestellung.

Dummyspur oder Personenfährte

Dummyschleppen setzen sich zusammen aus der Personen- und der Dummyspur. Welche Geruchsstoffe Ihr Hund tendenziell bevorzugt können Sie leicht herausfinden.

DUMMYSPUR ODER PERSONENSPUR

Bei dieser Aufgabestellung wird erkennbar, ob Ihr Hund der Schleppspur des Dummys oder der Spur der fährtenlegenden Person folgt. Zwei Helfer teilen sich das Legen einer Dummyschleppe, die Sie dann mit dem Hund an der Fährtenleine nachsuchen.

So gehen Sie vor: Helfer 1 zieht eine Schleppspur von ca. 200 Metern. Dort trifft er auf Helfer 2, der seitlich von rechts herankommt. Am Treffpunkt übergibt Helfer 1 die Schnur mit dem Dummy an Helfer 2 und dieser setzt jetzt das Ziehen der Schleppe fort, während sich Helfer 1 nach links entfernt, um sich nach ca. 100 Metern zu verstecken (siehe Abb.). Helfer 2 zieht die Schleppe noch ca. 100 Meter geradeaus weiter, legt am Ende das Dummy ab und entfernt sich. Die Stelle, an der gewechselt wurde, hatte einer der beiden Helfer mit einem Fähnchen gekennzeichnet, damit auch Sie die Übergabestelle kennen. Bei der nun folgenden Suche wird ersichtlich, welchem Geruchsstoff der Hund den Vorzug gibt – der Dummyspur oder dem Individualgeruch von Helfer 1. Findet er zum Dummy, lässt das darauf schließen, dass Dummys einen hohen Stellenwert bei ihm haben. Das bedeutet, Sie können ausgezeichnet mit Dummyschleppen weiterarbeiten. Entscheidet sich der Hund gegen die Dummyspur und für die Personenfährte von Helfer 1, ist das kein Malheur. Er gibt eben der Personensuche den Vorzug. Das bedeutet, Sie können mit ihm auch den Weg in Richtung Personensuche weitergehen und die Fährten ab jetzt ohne dabei ein Dummy zu ziehen erzeugen. Sie können Ihrem Hund natürlich auch weiterhin beides anbieten. Die Verläufe einer Personenfährte (Geländewechsel, Winkeltraining etc.) entsprechen denen von Dummyschleppen. Am Ende jeder Suche steht natürlich die Belohnung.

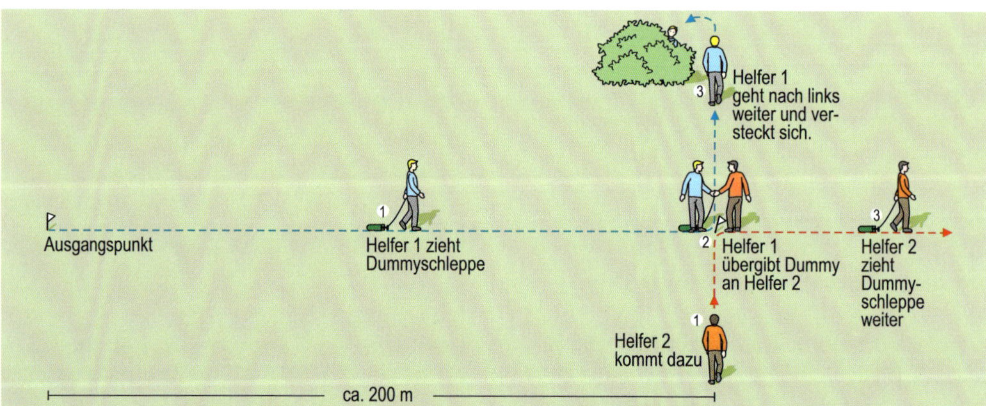

AM ENDE DER DUMMYSPUR findet der Hund das Dummy und darf es apportieren. Am Ende der Personenspur wartet die Person und alle drei laufen zurück zum Ausgangspunkt.

Schritt für Schritt zur Personenfährte

Wie bei der Dummyspur gibt es auch bei der Personenfährte diverse Auslöse- und Motivationsfaktoren, über die man einen Hund dazu bringen kann, diese zu verfolgen.

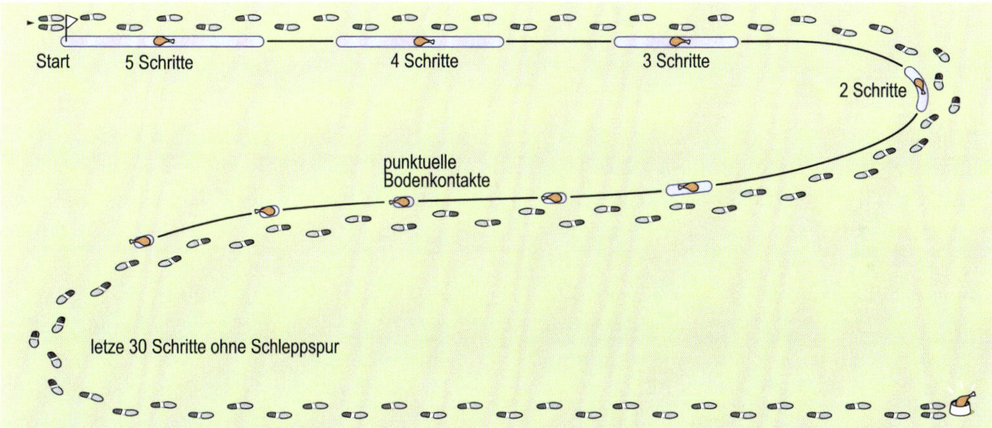

„GESTRICHELTE SCHLEPPE“ **Während die Menschenspur gleichbleibend verläuft, wird die Spur der Hähnchenkeule immer kürzer, bis sie nur noch punktuell vorhanden ist und ganz aufhört.**

MÖGLICHKEIT 1

Vom Geruch der Hähnchenkeule zur Personenfährte

Eine einfache Möglichkeit, die Nase des Hundes direkt auf die Personenfährte umzulenken, ist der etwas unkonventionelle Einsatz einer Hähnchenkeule: Sie nehmen eine gekochte Hähnchenkeule und binden diese an eine dünne Schnur.

Jetzt markieren Sie sich den Ausgangspunkt mit einem Stöckchen, an dem Sie ein Markierband befestigt haben, gehen von dort los und ziehen dabei die Hähnchenkeule hinter sich her. Nach fünf Schritten heben Sie diese hoch, gehen zwei Schritte weiter, lassen sie wieder zu Boden gleiten und ziehen sie erneut fünf Schritte, dann folgt wieder Hochheben und so fort. Nach und nach werden die Strecken, bei denen Sie die Keule tragen und nicht ziehen, länger und in umgekehrtem Verhältnis reziprok, und somit die Schleppspuren mit Keule am Boden kürzer. Dabei entsteht eine Art gestrichelte Linie (siehe Abb.). Der Hund folgt damit immer länger Ihrer Individualspur bis zum nächsten Punkt, wo es am Boden wieder nach Hähnchenkeule duftet. Am Ende soll es so sein, dass ihn die letzten 30 Schritte Ihrer Individualspur zur Hähnchenkeule führen, die dort – sicher in einem Plastikgefäß verstaut – auf ihn wartet. Für das Finden muss er natürlich einen besonderen Leckerbissen als Ersatz bekommen.

Bei der nächsten Fährte dürfte es genügen, wenn Sie nur noch den Abgang und die ersten Meter mit den kurzen Duftmarken einer Hähnchenkeule „versüßen“, denn das Ziel ist, dass schnell auf ein „Versüßen“ verzichtet werden kann. Auch diese Übung erfolgt an der Fährtenleine.

MÖGLICHKEIT 2

Über Botengänge zur Fährte

Ihr Hund liebt es, kleine Botengänge zu machen, und er kennt das Hin- und Hertragen von Dummys (siehe Seite 65). Jetzt lassen Sie ihn über eine Fährte die Person mit dem Dummy finden.

Das geht folgendermaßen: Sie haben Ihren Hund an der Fährtenleine und schicken ihn zu einer sich in Leinenlänge entfernt befindenden Hilfsperson, die mehrere Dummys bei sich hat. In dem Moment, wo der Hund in die Richtung der Hilfsperson blickt, geht diese in die Hocke und motiviert ihn zum Herankommen. Ihr Hund saust dorthin, holt ein Dummy und bringt es Ihnen. Die Hilfsperson entfernt sich währenddessen etwas weiter und lockt ihn erneut zu sich. Sie geben Leine und folgen Ihrem Hund. Dieser kommt wieder an die Person, nimmt das Dummy, dreht um und bringt es Ihnen. Nun ist der Moment gekommen, in dem die Person außer Sicht verschwindet und sich versteckt.
Damit Sie wissen, wo die Spur verläuft und endet, haben Sie sich zuvor über deren Verlauf abgesprochen. Ist die Person im Versteck, tut sie das durch einen kurzen Laut zum Beispiel ein gerufenes „Hup-Hup" kund. Ihr Hund wird durch den Laut zusätzlich angestachelt, sie zu suchen und wird seine Nase ab da, wo er die Person das letzte Mal gesehen hat, einsetzen. Hier führen feinste Geruchspartikel der Person entlang der Fährte und die Fährte selbst – resultierend aus der Bodenverletzung – den Hund zum Versteck, wo ihm die Person das Dummy übergibt. Ihr Hund wird bei entsprechender Motivation nicht an der Fährte vorbei riechen können. Zusätzlich kann bei den ersten Versuchen eine „gestrichelte" Spur mit einem Dummy erzeugt werden (analog zu Möglichkeit 1 – Hähnchenkeule, siehe Seite 131).

MÖGLICHKEIT 3 **[1-2]** Michl geht in die Hocke und bietet Diao Leckerlis aus der Hand an. Dann verschwindet er mit der Tüte in der Hand außer Sicht.

[3-4] Diao will unbedingt zum Futter. Deshalb setzt er seine Nase ein und nimmt Michls Spur auf. Er weiß, dass ihn diese zum Futter führt.

MÖGLICHKEIT 4 Über einen persönlichen Gegenstand der Suchperson – hier eine Mütze – speichert der Hund den Geruch ab, dem er folgen soll.

MÖGLICHKEIT 3

Mit Futter geht´s noch einfacher

Um den Hund zur Suche zu bewegen, kann sich auch eine Person mit einer Tüte Leckerli oder einem gefüllten Futternapf in der Hand verstecken (siehe Abb. S. 132). Ein paar Mal wird der Kontakt des Hundes mit der Person von dieser mit Futter bestätigt. Dann verschwindet sie außer Sicht und versteckt sich. Der Hund will natürlich auch noch den Rest des Futters und wird eifrig suchen. Findet er schließlich die Person, wartet dort eine Riesenportion auf ihn.

MÖGLICHKEIT 4

Von T-Shirt und Futternapf zur Personenfährte

Eine weitere Möglichkeit, Ihren Hund auf das Suchen von Personenspuren einzustellen, ist folgende: Nehmen Sie ein altes, getragenes T-Shirt von sich, das später als Geruchsstoffträger fungieren soll. Legen Sie es ab und stellen Sie den Futternapf darauf. Dann holen Sie Ihren Hund, schnippen in Richtung T-Shirt und Futternapf und lassen ihn auf diese Weise an seinen Napf zum Fressen. Ganz nebenbei wird der Hund das T-Shirt und dessen Geruch mit dem Futter verbinden. Das wiederholen Sie mehrere Tage.
Jetzt zerschneiden Sie das T-Shirt. Die eine Hälfte legen Sie am Startpunkt als Geruchsstoffträger und somit als Hinweis auf den Geruch, dem er folgen soll, ab. Die andere Hälfte ziehen Sie – wie bei der Dummyschleppe – ein längeres Stück hinter sich am Boden her. Dadurch verbinden Sie Trittspur und Schleppspur. Sie gehen etwa 100 Meter weit, legen die zweite T-Shirt-Hälfte ab und stellen den Futternapf darauf. Dann kehren Sie in einem großen Bogen zurück, um der Schleppspur nicht zu nahe zu kommen. Wieder zurück nähern Sie sich mit dem Hund an der Fährtenleine dem Startplatz und lassen ihn an der T-Shirt-Hälfte schnüffeln. Da der Hund bereits weiß, dass er an seine Futterschüssel kommt, wenn er diesem Geruch folgt, wird er der Spur mit Interesse nachgehen.
Beim nächsten Übungsschritt sollte die Schleppspur nicht mehr durchgängig sein, sondern – wie bei der Hähnchenkeule erklärt (siehe Seite 131) – immer sporadisch Bodenkontakt haben. Damit rückt Ihre Trittspur zum Fährtenende hin immer mehr in den Vordergrund. Ab jetzt genügt es bereits, wenn Sie die T-Shirt-Hälfte als Geruchsstoffträger am Fährtenbeginn ablegen und eine ausschließliche Personenfährte legen.

Geruchsstoffe zuordnen und differenzieren

Sie können die exzellente Fähigkeit des Hundes fördern, einen speziellen Geruch aufzunehmen, abzuspeichern und so lange nachzusuchen, bis er Erfolg hat.

Das Ziel ist, dass der Hund auch in Parks oder Fußgängerzonen nach einer definierten Person sucht und diese findet. Bei einer Dummyschleppe war es noch relativ einfach für ihn, das Dummy zu finden, weil sich der Geruch des Dummys deutlich von dem der Menschenspur unterscheidet und er sich somit sehr gut auf den Dummygeruch einstellen konnte. Soll er nun eine Person suchen, zum Beispiel in einem Park oder einer Fußgängerzone, überlagern und vermischen sich aufgrund eines höheren Personenaufkommens Spuren und Geruchspartikel einzelner Personen. Aus diesen Geruchsvermischungen muss der Hund den Geruchsstoff einer bestimmten Person herausfiltern. Diese komplexe Aufgabe wird er nur meistern können, wenn er gelernt hat, einen angebotenen Geruchsstoff der entsprechenden Spur zuzuordnen und dieser dann mithilfe seiner Fähigkeit zur Geruchsdifferenzierung bis zur Zielperson zu folgen. Machen Sie folgende Übungen:

DER SPEZIELLE SCHUH

Aufgabenstellung:

Aus mehreren Schuhen soll der Hund einen speziellen herausfiltern und apportieren.

Übungsaufbau:

Schritt 1: Den Hund auf den Zielgeruch „Schuhe" einstellen

Sie legen mehrmals hintereinander ein einzelnes Paar Schuhe aus und lassen dieses von Ihrem Hund apportieren (Abb. 1). Damit hat er sich auf den Geruch der Schuhe eingestellt, an dem jetzt sowohl seine als auch Ihre Geruchspartikel vorhanden sind. Diese dienen dem Hund neben dem Eigengeruch des Schuhmaterials (Leder, Stoff, Kunststoff etc.) zusätzlich als Wiedererkennungsmerkmal.

Schritt 2: Ablenkungsgeruch einbauen

Ein Helfer legt mehrere Schuhe, die sich in Material und Form unterscheiden und von unterschiedlichen Personen sind, in einer Reihe mit etwa zwei Metern Abstand aus und entfernt sich dann wieder. Als Nächstes legen Sie zuerst einen der beiden zuvor apportierten Schuhe als Geruchsartikel am Ausgangpunkt ab, ziehen mit dem anderen Schuh eine Schleppspur, die durch die zuvor abgelegte Schuhreihe hindurchführt, und lassen diesen zwei bis drei Meter dahinter liegen (Abb. 2). Damit fällt es dem Hund leichter, wenn er gleich zum Apportieren geschickt wird, die Geruchsansammlung der Hilfsperson und der fremden Schuhe zu ignorieren.

Schritt 3: Geruchszuordnung/-differenzierung

Jetzt wird dem Hund am Fährtenabgang der Geruchsartikel (Schuh) angeboten (Abb. 3). Er wird als Erstes den Schuh mit der Schleppe in Zusammenhang bringen und diese verfolgen. Als Nächstes wird er über seine Fähigkeit der Geruchsdifferenzierung am Geruchspool der „Verleitschuhe" (Fremdgeruch) vorbeisuchen (Abb. 4) und findet als Bestätigung am Ende der Schleppspur den zweiten Schuh. Bringt er den richtigen Schuh, freuen Sie sich und tauschen mit einem Leckerchen (Abb. 5–6).

GERUCHSZUORDNUNG
mit Geruchsartikel

[1]

[2]

[3]

[4]

[5]

[6]

[7]

[8]

HAT DER HUND GELERNT
Geruchsstoffe eines Schuhs dem passenden zweiten zuzuordnen, steigert das gleichzeitig seine Fähigkeit, diese zu differenzieren. Der Hund orientiert sich dabei am Eigengeruch des Trägers und/oder dem, der den Schuh berührt hat und auch am Eigengeruch des Schuhmaterials.

[1] Hund auf Schuh einstellen.

[2] Schleppe zwischen fremden Schuhen durchziehen.

[3–4] Geruch anbieten und schicken.

[5–6] Wenn er bringt, freuen und tauschen.

[7] Falscher Schuh wird ignoriert.

[8] Geruchsartikel erneut anbieten und schicken.

DREI SCHUHE Zwei riechen nach Anton, der dritte ist von einem Helfer. Franzl darf entscheiden, welchen er apportiert – natürlich Antons.

Beim zweiten Mal nimmt Franzl genau den passenden zweiten Schuh auf. Er hat es verstanden.

Was tun, wenn es nicht klappt?
Bringt Ihr Hund wider Erwarten den falschen Schuh, ignorieren Sie ihn (Abb. 7, Seite 135) so lange, bis er den falschen Schuh ausspuckt. Dann halten Sie ihm noch einmal den Schuh vom Fährtenabgang vor die Nase (Abb. 8, Seite 135) und schicken ihn erneut. Bringt er den richtigen Schuh, freuen Sie sich und tauschen. Apportiert er den falschen, ignorieren Sie ihn und lassen ihn selbst auf die richtige Lösung kommen, nämlich den falschen Schuh auszuspucken und den gewünschten zu apportieren. Das setzen Sie so lange fort, bis Sie ihn endlich für das Bringen des richtigen Schuhs belohnen dürfen. Machen Sie nun ein paar Tage eine Pause mit den Übungen zur Geruchsstoffzuordnung.

TRAINING VEREINFACHEN

Damit Ihr Hund Zeit hat, das Gelernte zu verarbeiten, setzen Sie vorsichtshalber das weitere Training erst einmal mit einer vereinfachten Übung fort.

Diese könnte wie folgt aussehen: Ein Helfer legt einen fremden Schuh ab und entfernt sich. Sie nehmen ein kurz zuvor getragenes Paar eigener Schuhe und legen einen davon neben dem „Verleitschuh" der Hilfsperson ab. Nun bieten Sie dem Hund Ihren zweiten Schuh als Geruchsstoffzuordnungsartikel an. Bringt er den richtigen Schuh, können Sie den Schwierigkeitsgrad wieder steigern.

SCHWIERIGKEITSGRAD LANGSAM STEIGERN

Als Nächstes wird der Hund frei zum Suchen geschickt. Ihr Schuh liegt jetzt immer wieder woanders und die Hilfsperson legt mal einen, mal mehrere fremde Schuhe dazu. Dabei liegen die Schuhe einmal weiter auseinander, dann wieder direkt nebeneinander oder sogar aufeinander.
Nicht vergessen! Fremde Schuhe fasst nur der Helfer an, Ihren Schuh nur Sie. Durch die ständig wechselnden Plätze und die unterschiedlichen Anordnungen generalisieren Sie und schaffen eine Basis der Geruchsstoffzuordnung. Mit der Zeit wird Ihr Hund immer besser verstehen, was Sie von ihm erwarten. Da Sie bisher mit Ihren eigenen Schuhen gearbeitet haben, konnte sich Ihr Hund neben dem Eigengeruch des Schuhs auch auf Ihren Geruch einstellen. Jetzt soll er einen speziellen Schuh, der nicht Ihnen gehört, aus weiteren Schuhen heraussuchen und apportieren. Dazu brauchen Sie zwei Helfer. Denn Sie dürfen ja keinen der Schuhe selbst anfassen, und jeder Helfer berührt immer nur seine eigenen Schuhe.

So können Sie die Übung aufbauen: Ein Helfer legt zwei Turnschuhe ab, der zweite ein Paar Wanderstiefel daneben. Beide entfernen sich wieder. Nun schicken Sie den Hund. Er darf selbst entscheiden, welchen Schuh er apportiert. Hat er diesen gebracht, lassen Sie ihn nach dem Tauschen noch einmal daran schnuppern und schicken ihn erneut. Hat er den Geruch abgespeichert, wird er den dazu passenden zweiten Schuh auswählen. Erhöhen Sie die Komplexität der Übung nur langsam. Hat der Hund die Aufgabe gut gelöst, können Sie ein weiteres Paar Schuhe samt Hilfsperson hinzunehmen.

ÜBER DEN GERUCH DEN ZWEITEN SCHUH FINDEN

Bei der nächsten Aufgabe bestimmen Sie gleich von Anfang an, welchen Schuh der Hund holen soll. Einer von zwei Stiefeln wird zu einem Paar Turnschuhe gelegt, der andere ist der in der Plastiktüte aufbewahrte Geruchsartikel, der dem Hund vermittelt, welchen der drei Schuhe er holen soll.

Und so gehen Sie vor: Bieten Sie den Schuh als Geruchsartikel an und schicken Sie den Hund. Bringt er den richtigen Schuh, freuen Sie sich und tauschen. Bringt er den falschen Schuh, ignorieren Sie das und lassen den Hund selbst die richtige Lösung finden, nämlich den falschen Schuh auszuspucken und den richtigen zu apportieren.
Langsam steigern Sie nun die Anzahl der Schuhe. Für jedes weitere Paar Schuhe brauchen Sie auch einen weiteren Helfer. Einfacher wird es, wenn sich die Schuhe anfangs in Material und Form unterscheiden. Wie bisher achten Sie natürlich darauf, dass jede Hilfsperson nur die eigenen Schuhe anfasst, damit sich die Geruchsstoffe nicht vermischen.

ÜBER DEN SCHUH ZUR FÄHRTE ZUR RICHTIGEN PERSON

Beim Trainingsaufbau erleichtert eine Schleppe dem Hund die Zuordnung des Schuhs zur Person. Denn der Hund soll später einmal eine Person über den Geruchsartikel (ausgezogener Schuh), an dem nur der Individualgeruch der zu suchenden Person haftet, in einer Gruppe weiterer Personen finden und anzeigen.

Bauen Sie die Übung folgendermaßen auf:
Helfer 1 zieht einen seiner Schuhe aus, legt ihn als Ausgangspunkt für die Schleppe ab und entfernt sich in Richtung Helfer 2, der als Verleitperson in einer Entfernung von ca. 30 Schritten wartet. Dann holen Sie den Hund, legen ihm die Fährtenleine an, bieten ihm den Schuh als Geruchsartikel an und lassen ihn die Schleppspur von Helfer 1 ausarbeiten.
Bei den Helfern angekommen, wird der Hund augenblicklich von der zu suchenden Person überschwänglich und freudig empfangen und mit Futter belohnt. Die Verleitperson soll sich dabei neutral bis abweisend verhalten. Der Hund wendet sich dadurch automatisch der sich freuenden Zielperson zu und stellt einen für ihn lohnenden Zusammenhang von Geruchsartikel, Spur, zweitem Schuh und Person her.

DER GERUCHSSTOFFTRÄGER FÜHRT ZUR PERSON

Ein Helfer legt einen persönlichen Gegenstand in eine nur von ihm berührte verschließbare Plastiktüte und übergibt Ihnen diese. Dann geht er zu einer zweiten Person und beide warten. Wie bereits bei der vorangegangenen Schuhübung beschrieben, soll Ihr Hund nun über diesen Geruchsstoffträger die dazu passende Person finden und Ihnen anzeigen. Dabei wird er frei zu den beiden geschickt.
Zeigt er richtig an, wird der Schwierigkeitsgrad erhöht, indem nach und nach weitere Personen hinzukommen. Diese Übung lässt sich dadurch perfektionieren, dass der Hund mithilfe des entsprechenden Geruchsartikels immer wieder die dazu passende Zielperson sucht.
Wichtig ist, dass die Verleitpersonen sich immer neutral bis abwendend zeigen und nur die jeweilige Zielperson den Hund freudig bestätigt. So lernt der Hund, dass nur die richtige Zuordnung des Geruchs zur entsprechenden Person belohnt wird.

Die ersten Fährten

Die Basis für die Suche von Personenfährten ist gelegt. Damit Ihr Hund weiß, wo es losgeht, brauchen Sie auch hier einen Fährtenabgang.

DEN FÄHRTENBEGINN DEFINIEREN

Die Vorgehensweise deckt sich teilweise mit der Erstellung von Spuranfängen für Dummyschleppen.

1. Künstliche Geruchsverdichtung am Fährtenbeginn

Wie bei der Dummyschleppe führen Sie den Hund an den Anfangspunkt der Fährte, an dem eine Geruchsverdichtung angelegt wurde.

Diese können Sie auf unterschiedliche Art und Weise erzeugen:

- Ein trockenes oder nasses Kleidungsstück, zum Beispiel einen Handschuh oder eine Socke, kräftig auf dem Boden hin- und herreiben. Dadurch ergibt sich eine Bodenverletzung und es bleiben am Untergrund mikroskopisch kleine Teilchen des Gegenstandes haften.
- Reichlich Wasser über ein Kleidungsstück oder die Hände schütten und auf den Boden tropfen lassen. Das Wasser wird zum Geruchsstoffträger, der am Boden eine Geruchsverdichtung bildet.
- Auch Ihr Speichel kann als Geruchsstoffträger einen hauchdünnen Geruchspool erzeugen. Dazu leicht ausspucken, so als würden Sie versuchen, eine Fluse im Mund loszuwerden.
- Eine Trittstelle erzeugen. Dazu einige Male auf der gleichen Stelle treten und eine Weile dort verharren. Bodenbewuchs wird zertreten und mikroskopisch kleine Partikel von

WASSER wird zum Geruchsstoffträger, erzeugt am Boden eine Geruchsverdichtung …

… und das Küchenvlies kommt als mobiler Geruchsstoffträger in die Tüte.

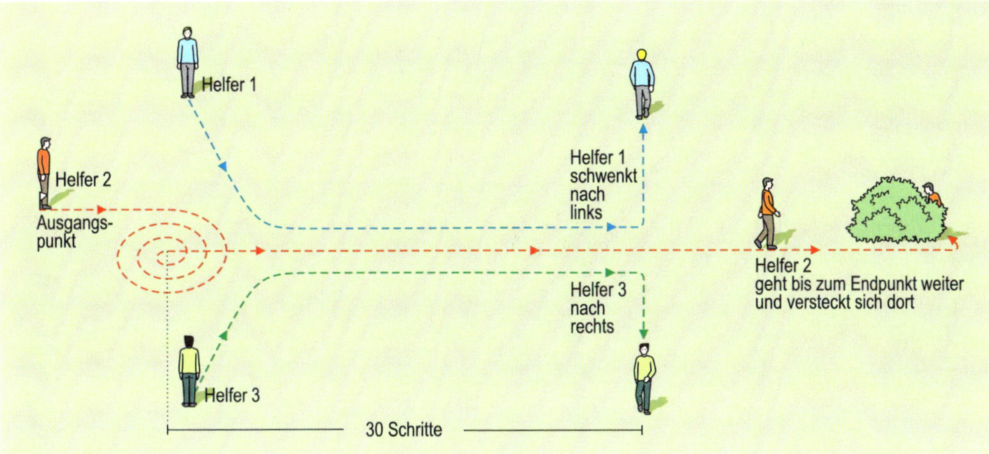

DER HUND soll mit Hilfe eines Geruchsstoffträgers (Socke) selbstständig die Fährtenspirale finden und dem Verlauf der Fährte folgen, ohne dabei auf die Verleitfährten umzusetzen.

Ihnen und Ihrer Kleidung sammeln sich am Boden.

- Eine Fährtenspirale legen (siehe Seite 124, Dummyschleppe). Innerhalb der Spirale kann ein Geruchsstoffträger, zum Beispiel eine Socke, abgelegt werden, um den Hund am Ansatzpunkt auf den Fährtengeruch und den Geruch der Suchperson einzustellen.

2. Geruchsstoffträger mit dem zu suchenden Geruch

Sie bieten Ihrem Hund den Geruchsstoffträger, zum Beispiel eine Socke, in einer verschließbaren Plastiktüte an und lassen ihn dann den dazu passenden Geruch, in diesem Fall den Geruch des Sockenträgers, und damit den Fährtenabgang oder die Fährte selbstständig suchen (siehe Seite 124, Kasten Geruchsstoffträger).

DIE EINFACHE PERSONENFÄHRTE

Sie legen, ausgehend von einem Fährtenabgang, der dem Können Ihres Hundes entspricht, eine gerade Fährte von ca. 100 Metern, und stellen am Ende den Futternapf hin oder legen einen persönlichen Gegenstand ab. Dann lassen Sie Ihren Hund die Fährte bis ans Ende suchen. Dort wird er entweder direkt belohnt (Futternapf) oder Sie lassen ihn vorher noch verweisen (siehe Seite 152). Lassen Sie nun abwechselnd Familienmitglieder oder Freunde Gegenstände, den Futternapf oder nur sich selbst verstecken. Durch oft wechselnde Personen lernt Ihr Hund noch besser, der Fährte zu folgen, auf die er angesetzt wird, und es bleibt abwechslungsreich.

Ebenso kommen Winkel, wechselnder Untergrund und verzwicktere Fährtenverläufe dazu. Hier können Sie sich gut am Kapitel Dummyschleppe orientieren.

MIT DER „SOCKE“ ZUR RICHTIGEN PERSON

Wenn einfache Personensuchen bereits bestens klappen, können Sie als Nächstes Ihren Hund die richtige Fährte aus mehreren Fährten herausfiltern und suchen lassen (siehe Abb. oben). Auch hierbei darf sich der Hund an einem Geruchsstoffträger orientieren, in diesem Fall wieder eine „Socke“, die nach der zu suchenden Person riecht.

VORBILDLICHES SUCHEN Ruhig und konzentriert verfolgt der Kleine Münsterländer die Personenfährte und ignoriert dabei die Verleitspuren des Wildes.

Für diese Aufgabenstellung benötigen Sie drei Helfer und den Geruchsstoffträger „Socke“ in einer Tüte.

Und so geht das: Helfer 2, das ist die Person, die der Hund später suchen soll, gibt als erstes den Geruchsstoffträger „Socke" bei Ihnen ab und legt dann am Beginn der Fährte eine Spirale. Jetzt kommen Helfer 1 und Helfer 3 zur Spirale hinzu und stellen sich rechts und links neben Helfer 2 (siehe Abb. Seite 139). Gemeinsam verlassen nun die Helfer den Ausgangspunkt. Nachdem sie etwa 30 Schritte parallel nebeneinander gegangen sind, drehen die beiden äußeren Personen (Helfer 1 und 3) im 90-Grad-Winkel nach links und rechts ab und gehen weg, während Helfer 2 in der Mitte geradeaus weitergeht und sich am Endpunkt versteckt.

Nun bieten Sie Ihrem Hund die in einer Plastiktüte verstaute Socke kurz vor der Spirale als Geruchsstoffträger an und lassen ihn selbstständig den Fährtenanfang (die Spirale) suchen. Hat er die Fährte aufgenommen und folgt er dieser, bis er die versteckte Person gefunden hat, erhält er dort seinen vollen Futternapf als Belohnung. Als Variante können Sie die Person von ihm auch verweisen (siehe Seite 152) lassen.

VERSTECKSPIEL FÜR DIE FAMILIE

Das Durchstreifen der Natur kann man für den Hund, die Kinder und für sich selbst spannender gestalten, wenn nicht nur gewandert wird, sondern dabei kleine Versteckspiele stattfinden. „Hänschen piep einmal“ wäre so ein Spiel. Das Such-Team, also Sie und Ihr Hund, sieht wie eines der Kinder oder der Partner sich außer Sicht entfernt und sich versteckt. Die zu suchende Person lässt wie ge-

FREUDIGES WIEDERSEHEN Auch eine ausgediente Papiertonne kann beim Familienversteckspiel als spannender Endpunkt dienen.

habt ein Kleidungsstück als Geruchsstoffträger für die zu suchende Fährte zurück. Nachdem sie sich gut versteckt hat, gibt sie kurz einen Pieplaut von sich. Dieser signalisiert Hund und Mensch die ungefähre Richtung und Entfernung zum Versteck und ist gleichzeitig das Startzeichen für die Suche an der Fährtenleine.

FÄHRTENSUCHEN HÄLT GEISTIG FIT

Verknüpfen Sie die tägliche Fütterung damit, dass Ihr Hund vor dem Fressen neben den vielen spannenden Apportierübungen auch ein- bis zweimal die Woche die Schleppspur eines Dummys oder die Fährte eines Menschen erfolgreich sucht.
Je besser Ihr Hund die Fährtenaufgaben meistert, umso eher können Sie diese nun in Gebiete mit Ablenkungsreizen legen. Zum Beispiel auf dem Hundetreffplatz oder im nächstgelegenen Park, in dem sich viele Erwachsene, Kinder und Hunde tummeln. Dazu legen Sie die Fährten mit der Zeit immer näher an diese Ablenkungen heran. Sucht Ihr Hund schließlich konzentriert eine Fährte, die direkt neben einem belebten Spazierweg verläuft, auf dem zur selben Zeit Jogger, Radfahrer oder Fußgänger mit und ohne Hunde gehen, dann können Sie wahrlich stolz auf sich und Ihren Hund sein.
Verlagern Sie die Übungen auch in Gebiete mit Wildaufkommen. Ihr Hund sucht natürlich dabei – vor allem, wenn Wildspuren ihn auslösen – die Schleppspur/Personenfährte sicherheitshalber an der Fährtenleine. Dadurch verhindern Sie, dass er sich beim eventuellen Umsetzen auf Wildspuren entziehen kann. Und damit sind wir auch schon beim nächsten Thema.

Talente umlenken und

VERWEISEN

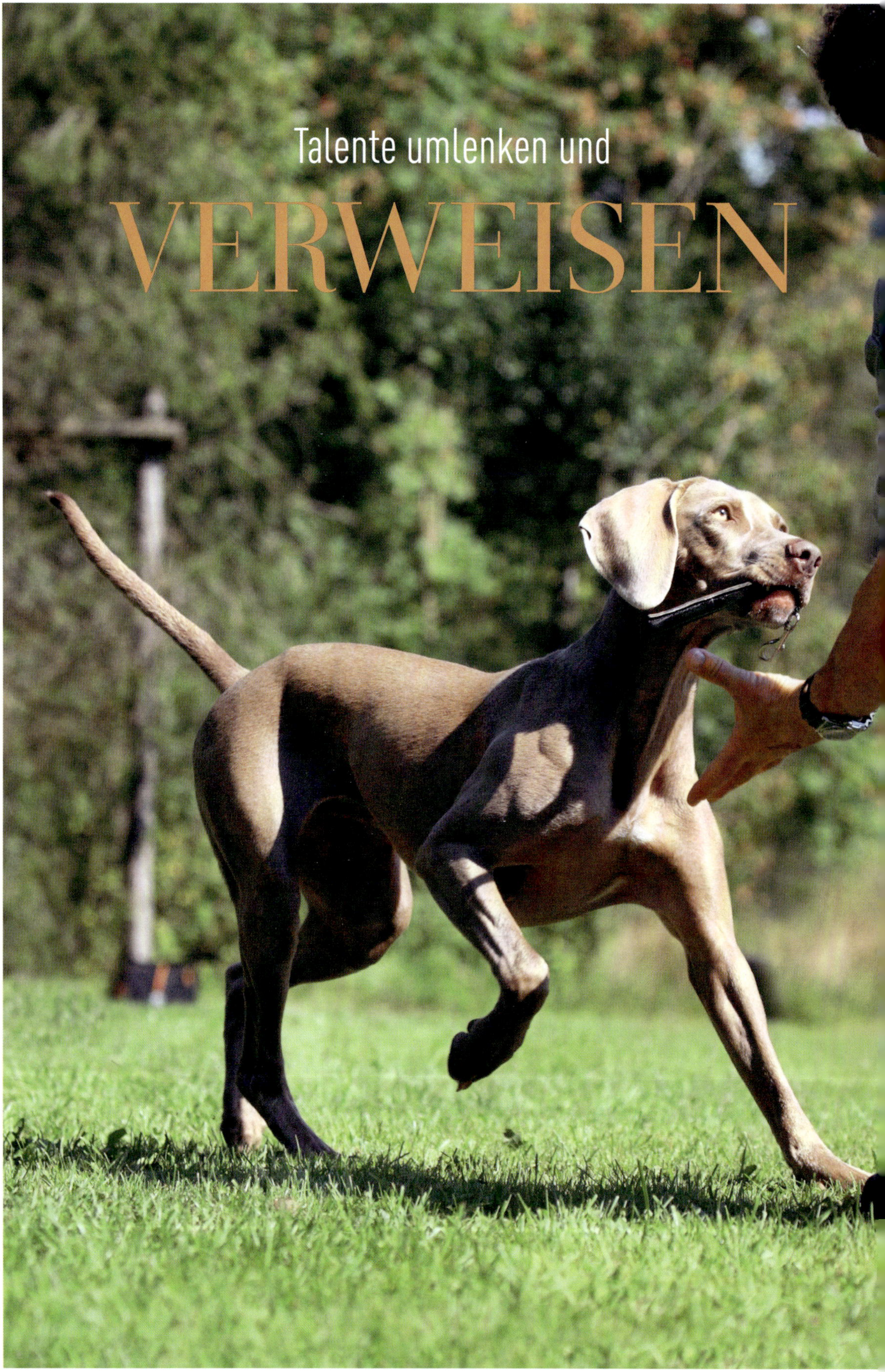

Talente umlenken

Die Dummy- oder Personensuche bietet sich für das Umlenken der Talente eines Hundes an. Über das Verweisen verbessern sich Zusammenspiel und Kontakthalten.

PERSONEN SUCHEN STATT WILD JAGEN

Ist Ihr Hund an Wildspuren interessiert und will er diese auch verfolgen? Das können Sie allein schon dadurch besser unter Kontrolle bekommen, dass Sie sein Talent zur Spurensuche von Wild- auf menschliche Spuren umlenken. Werden Personenspuren für ihn durch sinnvolles Training im Laufe der Zeit immer attraktiver und stellen Sie ihm zusätzlich Wildspuren als nicht lohnenswert dar, wird er von sich aus bald darauf verzichten, diese weiter zu verfolgen. Dabei helfen nachfolgende Übungen.

OHNE SPURREINHEIT GEHT GAR NICHTS

Damit Ihr an Wild interessierter Hund tatsächlich von Wildspuren lässt, muss er lernen, fährtenrein eine Personenfährte oder die Spur eines geschleppten Dummys zu suchen (siehe Seite 125). Unterstützend können Sie damit beginnen, gezielt Wildteile und Wildspuren zu tabuisieren, das heißt, diese mit einem Verbot zu belegen.

DUMMY „JA“ WILD „NEIN!“

Für Hunde ist es sehr schwer, an etwas vorbei zu riechen. Diese Eigenschaft ermöglicht uns, ihnen über den „Umweg Auge“ gezielt zu vermitteln, welche Gerüche und Spuren sie ignorieren sollen. Das geht zunächst über Apportieraufgaben.

So gehen Sie vor: Sie bringen Ihren Hund ins „Sitz“ und legen dann links von ihm ein Fell und rechts von ihm ein Dummy ab. Der Hund sieht das Fell und riecht es. Dieser Geruch wird seine Nase erregen und bewirken, dass er in Richtung Fell schaut. Genau dieses Verhalten belegen Sie sofort mit einem scharfen „Nein!“. Damit kann Ihr Hund einen Zusammenhang zwischen Fell, dessen Geruch und Ihrem „Nein!“ herstellen. Achten Sie darauf,

SPASS HABEN Freudige Aktionen mit dem Dummy erhöhen dessen Stellenwert.

NACHDEM **Anton am Boden liegende Wildteile durch „Nein" tabuisiert hat, konzentriert er Franzl mit freundlich-positiver Stimmung auf das Dummy.**

dass er wirklich augenblicklich bei Ihrem „Nein" sein Verhalten einstellt, das heißt, sich Ihnen wieder zuwendet. Schnell lenken Sie nun seine Aufmerksamkeit auf das Dummy und ermuntern den Hund, es sofort zu apportieren. Bei Ihnen angekommen wird zügig getauscht. Dann beginnt eine wilde Jagd nach dem Dummy, bei der Sie freudig umherhüpfen, das Dummy von sich schleudern und ihn anfeuern, es zu fangen. Damit belegen Sie das Dummy positiv.

Dann beenden Sie die Übung und bringen Ihren Ihren Hund samt Dummy vom Ort des Geschehens weg. Dabei lassen Sie das Fell für den Hund deutlich wahrnehmbar links liegen. Es ist für Sie beide sozusagen völlig uninteressant. Erst später kehren Sie alleine zurück und räumen das Fell weg.

DAS DUMMY IST MIR LIEBER

Im nächsten Schritt soll der Hund sich bereits von sich aus gegen das Fell und für das Dummy entscheiden. Dazu benötigen Sie einen Korb mit Dummys, seinen Futternapf und das Fell aus der vorherigen Übung. Bringen Sie Ihren Hund ins „Bleib 2" (siehe Seite 43) und halten Sie ihm das Fell vor seine Nase, während Sie zeitgleich ein scharfes, unmutiges „Das ist Pfui!" von sich geben. Dann legen Sie das Fell in ca. fünf Meter Entfernung vom Hund ab. Dabei fixieren Sie ihn mit grimmigster Miene und sagen unmutig „Nein!". Jetzt gehen Sie zurück zum Hund, holen dort ein Dummy aus dem Korb, wechseln in den freundlichen Modus und werfen es über seinen Kopf hinweg auf die dem Fellstück gegenüberliegende Seite. In freundlichsten Tönen wird er jetzt ermuntert, das Dummy zu bringen. Ist er zurück, lassen Sie sich das Dummy geben, um es gleich wieder zu werfen und erst dann zu tauschen. Ihr Hund ist dadurch gut auf das Dummy fixiert.

Nun holen Sie seine Futterschüssel aus dem Korb, stellen sie neben ihm ab, geben Futter hinein, zeigen ihm das Dummy und legen es dann in Richtung Fellstück so ab, dass er das Dummy überlaufen müsste, um ans Fell zu kommen. Fixieren Sie ihn noch einmal deutlich auf das Dummy, indem Sie es zwei oder drei Mal sichtbar hochheben, bevor Sie es ablegen, zu ihm zurückkehren und ihn zum Apportieren schicken.

Kommt er mit dem Dummy, darf er seinen vollen Napf leeren. Geht er stattdessen zum Fell, rennen Sie „Pfui!“ rufend los und beeindrucken ihn dabei so, dass er davon ablässt oder – wenn er es bereits im Fang hat – es fallen lässt. In dem Moment, wo er sich geläutert zeigt, laufen Sie mit ihm in Richtung Dummy, nehmen es selber auf, werfen es und lassen es ihn fangen. Dann geben Sie ihm seinen Futternapf als Belohnung, sobald er Ihnen das Dummy gebracht hat.

Info

UNTERSTÜTZUNG BEIM JÄGER HOLEN

Wildteile für diesen Übungsbereich bekommen Sie bei einem Jäger in Ihrer Region. Erklären Sie ihm, wie wichtig es Ihnen ist, Ihren Hund von Wild fernzuhalten und wie Sie das trainieren möchten. Bei ihm erfahren Sie auch, in welchen Gebieten Sie Ihren Hund später mit Verleitungen durch Wildspuren konfrontieren können. Bei etwas Verständnis für Ihre Sache wird er Sie bestimmt gerne unterstützen.

AUF DREIMAL „JA“ FOLGT EIN „NEIN!“

Schauen Sie sich noch einmal die Apportierübungen an, über die Sie ein reflexmäßiges Aufnehmen von Gegenständen eingeübt haben (siehe Seite 77).

Diese Versuchsanordnung kommt jetzt in etwas geänderter Form zur Anwendung. Ihr Hund soll hierbei nur Dummys aufnehmen und die dazwischenliegenden Wildteile am besten von sich aus ausklammern.

SEHNSÜCHTIG schielt Franzl nach den Fasanenschwingen. In weiser Voraussicht entscheidet er sich dann doch schweren Herzens für das Dummy.

So gehen Sie vor: Legen Sie nacheinander in einer Reihe Dummys und Wildteile mit jeweils vier Metern Abstand zueinander ab. Das sieht so aus: Auf drei Dummys folgt ein Wildteil, dann wieder drei Dummys, ein Wildteil etc. Verwenden Sie das, was Ihnen zur Verfügung steht, wie beispielsweise Flügel des Federwilds, Fellabschnitte oder mit Fell überzogene Dummys. Dann holen Sie Ihren Hund, legen ihm die normale Führleine an und gehen mit ihm diese Dummy-Wild-Reihe entlang. Ihr Hund muss nicht jedes Dummy aufnehmen, nur dann, wenn Sie auf eines deuten und „Nimm!" sagen. Kommen Sie nach dem dritten Dummy an dem Wildteil vorbei, werden Sie etwas schneller und sagen deutlich und unmutig „Nein!" oder „Pfui!" in dessen Richtung, natürlich nur wenn Ihr Hund Interesse daran zeigt und es aufnehmen will. Jedes aufgenommene Dummy tauschen Sie mit einem kleinen Leckerli, bei jedem ignorierten Wildteil folgt sofort ein leises „So brav Bei Fuß". Da sich Ihr Hund an der Leine befindet, haben Sie ihn bei einem Wildteil zusätzlich noch unter Kontrolle, sodass er es nicht aufnehmen kann.
Am Ende der Reihe angekommen, bringen Sie den Hund ins „Sitz", legen alle mitgenommenen Dummys noch einmal in die Reihe zurück und stellen am Ende der Reihe gut sichtbar für ihn seinen Futternapf ab. Dann gehen Sie zu ihm zurück und passieren erneut gemeinsam die Dummy-Wild-Reihe. Dieses Mal erfolgt nur noch bei den Dummys die Ermunterung, sie aufzuheben. Jetzt zeigt sich, ob die Wildteile von ihm (hoffentlich) bereits ohne Ihr einwirkendes „Nein!" ignoriert werden.

NUR DAS DUMMY ZÄHLT

Diese Übung ist schon etwas schwieriger. Sie legen Dummys und Wildteile verstreut neben einander aus. Wie zuvor deuten Sie jeweils auf das Dummy, das er aufheben soll. Geben Sie ihm keine Zeit, sich doch noch schnell für Federn oder Fell zu entscheiden. Auf das Objekt deuten, aufnehmen, in die Hand abgeben, wieder deuten ... etc. Nimmt er ein Dummy, freuen Sie sich und tauschen es mit Futter. Will er eines der Wildstücke nehmen, vermitteln Sie ihm über ein angemessen missmutiges „Nein!" „Das ist es nicht!" und schnippen sofort auf eines der Dummys. Wendet er sich dem Dummy zu, folgt zur Bestätigung ein freundlich motivierendes „Ja, das ist es!". Nun können Sie einige der Wildteile in zwei bis drei Meter Entfernung zum Beispiel kreisförmig ablegen. Dann lassen Sie, sichtig für Ihren Hund, ein Dummy in der Mitte zu Boden fallen. Jetzt gehen Sie zu ihm zurück und schicken ihn zum Dummy. Wieder können Sie ihn binär unterstützen – Wild apportieren „Nein!", Dummy „Ja". Auf diese Weise stellen Sie Ihren Hund abermals darauf ein, dass es um Dummys und nicht um Wild geht. Diese Übung wiederholen Sie über einen längeren Zeitraum, und zwar solange, bis Sie das Gefühl haben, Ihr Hund klammert die Wildteile tatsächlich aus.

DUMMYSPUR „JA" – WILD „NEIN"

Aufbauend auf die vorangegangene Übung können Sie nun eine Dummyspur legen, der Ihr Hund – trotz der ablenkenden Wildteile – nachspüren soll.
Das geht so: Sie legen zwei größere Fellstücke in einem Abstand von ca. drei bis vier Metern zueinander ab. Der Hund beobachtet Sie als Nächstes dabei (Steadiness), wie Sie am Anfangspunkt der Spur, die Sie gleich legen werden, ein Dummy mit Wasser benetzen (Abb. 1), es dann zwischen den beiden Wildteilen hindurchziehen (Abb. 2) und einige Meter später ablegen. Zurück beim Hund setzen Sie ihn an der Dummyspur zur Suche an (Abb. 3). Hier sollte eine Reglementierung über „Ja" und „Nein" nicht mehr nötig sein. Beobachten Sie lieber, ob Ihr Hund der Geruchsspur, auf die Sie ihn ansetzen, selbstständig bis zum Dummy nachspürt (Abb. 4). Wendet er sich dennoch einem Fellstück zu,

SPURREINHEIT

Wildteile ausklammern

[1]

Durch Anfeuchten gibt das Dummy mehr Geruch ab, die Schleppspur wird intensiver.

[2]

Mit dem nassen Dummy zieht Anton die Schleppspur zwischen beiden Fellteilen hindurch ...

[3]

... und setzt Franzl mit einem „Such!“ an. Er soll selbstständig die Dummyspur annehmen und ...

[4]

... spurrein an den beiden Verleitungsfellen vorbei zum Dummy suchen und es apportieren.

wird er binär korrigiert. In diesem Fall ist die Fährte noch nicht relevant genug für ihn. Arbeiten Sie erst einmal erneut an der Bedeutung des Dummys für ihn. Lassen Sie ihn das Dummy z. B. immer zu seinen Fütterungszeiten suchen und für ein Apportieren seinen Futternapf in Empfang nehmen. Wenn er nach ein paar Tagen dann wirklich heiß auf das Dummy ist, nehmen Sie wieder Wildteile als Ablenkungsreiz dazu. Dieses Mal legen Sie die Wildteile etwas weiter von der Dummyspur entfernt ab und lassen ihn an der Fährtenleine suchen. So können Sie ihn durch Verkürzen der Leine korrigieren und auf ein unmutiges „Nein!" verzichten. Auch hierbei kann es hilfreich sein, zur gewohnten Fütterungszeit zu arbeiten.

VERLEITSPUREN BRINGEN NICHTS

Ihr Hund hat gelernt, dass Wildteile tabu sind. Er kann sich ihr Aussehen und ihren Geruch merken und wird, wenn er sie erneut wahrnimmt, an den Missmut denken, den er bei Ihnen erregt hat, als er sich den Wildteilen näherte. Nun nehmen Sie eine Verleitungsspur durch ein ebenfalls geschlepptes Wildteil in Ihre Übung mit hinein. Dazu brauchen Sie einen Helfer. Ihr Hund ist bei der Vorbereitung der Übung nicht dabei. Zuerst ziehen Sie eine gerade verlaufende Dummyschleppe von ca. 80 Schritten Länge und legen das Dummy am Ende ab. Der Helfer zieht etwa in der Mitte Ihrer Dummyspur ein Wildteil als Verleitung quer darüber und markiert gut sichtbar für Sie den Kreuzungspunkt. Nun lassen Sie Ihren Hund an der Fährtenleine die Dummyspur aufnehmen und achten dann darauf, wie er sich am Kreuzungspunkt der beiden Spuren verhält. Hält er die Spur, ohne sich von dem Wildgeruch ablenken zu lassen, oder geht er kurz in die Verleitung, um sich nach wenigen Metern selbst zu korrigieren und wieder zur Dummyspur zurückzukehren? Oder setzt er komplett auf den neuen Geruch um?

Sollte das der Fall sein, kein Problem: Indem Sie die Fährtenleine blockieren, können Sie kommentarlos verhindern, dass der Hund auf der falschen Fährte weiterkommt. Jetzt kann Ihr Hund nur bis zur maximalen Leinenlänge der Verleitungsspur folgen. Nach kurzer Zeit kommt es zur Reizermüdung, da es dort nicht weitergeht. So wird er sich wieder zu Ihnen zurück orientieren. Das ist der Moment, in dem Sie selbst geschäftig suchen und ihn so ermuntern, auf der richtigen Fährte weiterzusuchen.

FICHTLMEIERS KREIS

Um Ihrem Hund das Verfolgen einer Wildspur als sinnloses Unterfangen näherzubringen, bieten Sie ihm eine im Kreis laufende Verleitung an. Natürlich gibt es am Ende der Dummyschleppe den obligatorischen Futternapf.

So wird's gemacht: Helfer 1 zieht beispielsweise mit einem Fell an einer Schnur eine kreisförmige Schleppe mit zehn Meter Durchmesser. Dazu muss der Anfangspunkt zweifelsfrei markiert sein, um wirklich einen geschlossenen Kreis zu erhalten. Zudem werden zwei gegenüberliegende Markierungspunkte angelegt (siehe Abb. Punkt 3+4) und das Fell natürlich wieder mitgenommen. Direkt an den Markierungen 3+4 kreuzt später Helfer 2 die kreisförmige Verleitung mit dem gezogenen Dummy. Durch die Markierungspunkte erkennen Sie beim Suchen auch genau, wo die Dummyspur in den Kreis hinein- und wo wieder hinausführt.
Ist der Verleitungskreis gelegt, geht Helfer 2 von einem ebenfalls deutlich gekennzeichneten Ausgangspunkt (siehe Abb. Punkt 7) los. Diesen Ausgangspunkt wählt er so, dass die Spur nach ca. 40 Metern an den Verleitungskreis stößt und diesen dann genau über die Markierungen hinweggehend mittig schneidet. Am Endpunkt nach weiteren zehn Metern legt Helfer 2 das Dummy ab und stellt den Futternapf daneben und entfernt sich.

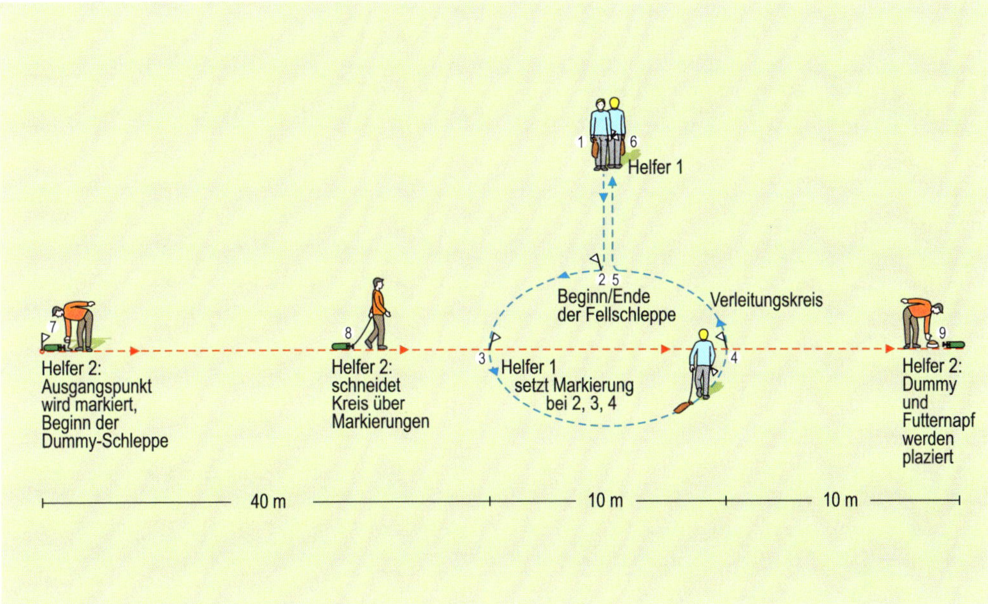

FICHTLMEIERS VERLEITUNGSKREIS Im Verleitungskreis hat der Hund keinen Erfolg. Bleibt er auf der geraden Schleppspur, wartet am Ende die Belohnung auf ihn.

Dann starten Sie die Suche. Wenn Ihr Hund auf der Dummyspur den Verleitungskreis kreuzt, wird er sich entweder nicht weiter darum kümmern und bis zum Endpunkt weitersuchen, oder er nimmt den Verleitungskreis an. In diesem Fall lassen Sie ihn diesen ruhig weitersuchen. Sie bleiben derweil im Zentrum des Kreises stehen und warten. Der Hund mag dann einmal oder zweimal den Kreis umrunden, irgendwann nimmt er die „alte" Spur wieder an. Wenn nicht, helfen Sie ein wenig nach, indem Sie im Spurverlauf des Dummys den Kreis – langsam gehend und dabei selbst auf der Spur suchend – in Richtung Endpunkt verlassen. Über Verhaltenskoppelung bringen Sie den Hund so wieder auf die Spur. Kurz nach dem Verleitungskreis findet er das Dummy und daneben seinen Futternapf. Wenn der Hund auch bei anderen Aufgabenstellungen die Erfahrung macht, dass zehn Meter nach einer Verleitung der Futternapf wartet, bekommt „Verleitung" eine Bedeutung: „Schnell weiter zum Futternapf."
Um wieder vom Futternapf nach einer Verleitung wegzukommen, legen Sie die nächsten Male wie bisher das erste geschleppte Dummy ab, belohnen dann aber dessen Fund nur mit einem Zwischenleckerli. Von da an findet der Hund eine neue, ungefähr 50 Meter lange Spur von einem zweiten Dummy. Hat er auch das gefunden endet die Suche am vollen Futternapf.
So steigen die Chancen beträchtlich, dass Ihr Hund tatsächlich draußen in der Natur Wildspuren ignoriert. Genau das ist es, was wir erreichen wollen – den Hund umlenken von Wild- auf Dummy- und/oder Personenspuren.

Menschen sind wichtiger als Wild

Die vorherigen Übungen zum Umleiten der Talente können Sie natürlich auch abändern, indem Ihrem Hund anstelle von Dummyschleppen reine Personenfährten angeboten werden (siehe Seite 139). Am Ende einer Fährte liegt dann die Person und daneben steht der Futternapf. Oder die still liegende Person muss vom Hund noch zusätzlich verwiesen werden, bevor Sie ihm seinen Futternapf reichen, den Sie im Rucksack mitgeführt haben.

Verweisen von Dummys und Personen

Als Verweisen bezeichne ich Verhaltensweisen des Hundes, mit denen er mir gefundene Personen, sogenannte Suchpersonen (auch als Opfer bezeichnet), oder nicht aufnehmbare Apportiergegenstände anzeigt.

Das Verweisen von Dummys oder Personen schafft eine ausgezeichnete Möglichkeit, mit dem Hund am Ende einer Suche in einen kommunikativen Prozess zu treten. Es gestattet Ihnen, die Kontaktsuche und das Kontakthalten Ihres Hundes zu intensivieren und bewirkt, dass er gerne mit Ihnen zusammen „spielt". Ein weiterer Vorteil des Verweisens: Es hilft unsichere Hunde zu stabilisieren. Denn über das Verweisen wendet sich der Hund den Suchpersonen zu, anstatt ihnen auszuweichen, kommt dann zurück und führt seinen Menschen dorthin. Selbst ein misstrauischer Hund kann dadurch lernen, dass es toll ist, einen Fremden nicht zu verbellen, sondern ihn stattdessen freudig anzuzeigen, weil er dafür belohnt wird.

Eine besondere Form des Verweisens ist das Bringselverweisen, das zur Anwendung kommt, wenn Hunde das Opfer unangenehm bedrängen, anstatt sich zum Hundehalter zurückzuorientieren, oder wenn sie sich nur schwer vom Objekt trennen können.

VERWEISEN KANN JEDER HUND

Jeder Hund besitzt die Fähigkeit, uns auf etwas aufmerksam zu machen, also uns etwas anzuzeigen. Sei es, dass er raus muss, oder dass er vor seinem leeren Futternapf steht und versucht uns zu sagen: „Ich habe Hunger." Er kann das durch Winseln oder Lautgeben anzeigen oder er holt uns und führt uns hin.

KOMM – HIER IST ES Blickkontakt ist bereits ein leises Anzeigen …

… auf das hier durch Hinlaufen entsprechend reagiert wird.

Monotones Anzeigeverhalten ist out

In manchen Sparten der Rettungshundearbeit wird immer noch darauf bestanden, dass der Hund die gefundene Person minutenlang durch Bellen anzeigt, obwohl bereits Helfer und Hundeführer dicht am Hund stehen. Das hat nichts mit variabler, der Situation gerecht werdender Kommunikation zu tun. Vielmehr handelt es sich um eine Form von stereotypem Anzeigeverhalten, das den Hund in seinen Mitteilungsmöglichkeiten eher reduziert. Zudem hilft minutenlanges Verbellen dem Opfer wenig, wenn der Hundeführer den Hund nicht hören kann, weil beispielsweise starker Wind oder Autobahnlärm jeden Laut verschluckt. Da wäre es dann sinnvoller, der Hund dürfte nachsehen, wo sein Hundeführer bleibt.

Fähigkeit zur artübergreifenden Kommunikation ausschöpfen

Damit Ihr Hund Ihnen Fundorte seinem Naturell entsprechend anzeigt und intelligent und variabel kommuniziert, sollten Sie ihm gestatten, die Art und Weise, wie er das tut, selbst zu wählen. Das ermöglicht Ihnen, im Gegenzug fast augenblicklich ein Anzeigeverhalten Ihres Hundes zu bewirken. Es funktioniert sozusagen von jetzt auf gleich.

Info

LEITFADEN FÜR DAS ANZEIGENVERHALTEN DES HUNDES

Auf Seite 152 bis 157 finden Sie einen einfachen Leitfaden für die Herangehensweise, wie Sie das Anzeigeverhalten Ihres Hundes aufbauen können. Die fünf nachfolgenden Punkte geben Ihnen eine kurze Zusammenfassung für das Anzeigen von Personen:

1. Der Helfer versteckt sich, der Hund sucht, findet und wird vom sogenannten Opfer belohnt.
2. Der Helfer versteckt sich abermals, der Hund findet erneut, doch es gibt ein Problem, das der Hund nicht alleine lösen kann. Das Problem wäre zum Beispiel, dass er nicht an das Opfer herankommt, weil dieses hinter einer Tür steht.
3. Sie bringen sich mit ein und helfen Ihrem Hund, das Problem zu lösen.
4. Die Erwartungshaltung des Hundes „Ich rufe, du hilfst" wird bestätigt.
5. Generalisieren: Das Gelernte wird unter unterschiedlichsten Bedingungen durchgespielt und angewendet.

SCHAU – DA DRIN So fühlt der Hund sich verstanden und gibt den nächsten Hinweis, der ausreicht und nicht weiter durch ein Bellen verdeutlicht werden muss.

PERSON GEFUNDEN ICH ZEIG SIE DIR

Das Ziel: Sie wollen Ihrem Hund beibringen, Ihnen eine Person anzuzeigen (zu verweisen), die sich versteckt hat. Folgendermaßen können Sie vorgehen:

Schritt 1: Es ist Fütterungszeit. Eine Hilfsperson zeigt Ihrem Hund kurz seinen gefüllten Futternapf und läuft dann mit diesem außer Sicht weg, geht in die Hocke und stellt den Napf vor sich ab. Sie setzen nun Ihren Hund, den Sie an der mindestens zehn Meter langen Fährtenleine führen, auf der Fährte an. Bei der Person angekommen darf er den Napf sogleich leeren.
Er verknüpft: Die Person ist wichtig, da gibt es Futter.

Schritt 2: Im nächsten Schritt kommt Ihr Hund am Ende nicht mehr direkt an die Person heran, denn diese steht jetzt zum Beispiel hinter einer bis auf einen kleinen Spalt geschlossenen Gartentüre. Den Futternapf stellt sie für den Hund unerreichbar an den Türspalt. An der Fährtenleine folgen Sie Ihrem Hund bis an die Tür, bleiben jedoch eine volle Leinenlänge davor stehen und beobachten ihn. Er will fressen, kommt aber nicht an den Napf heran und damit hat er jetzt ein Problem. Das wird er irgendwie zum Ausdruck bringen und es stellt sich Frust bei ihm ein. Auch wenn er winselt oder bellt, warten Sie so lange, bis er sich, wenn auch nur kurz, zu Ihnen umschaut. Erst dann reagieren Sie augenblicklich mit einem zügigen Hinlaufen zur Türe, öffnen diese und ermöglichen ihm dadurch das Fressen.
Ihr Hund verknüpft: Die Person ist wichtig, denn sie hat sein Futter. Das Kontaktaufnehmen zu Ihnen ist ebenfalls wichtig, denn Sie lösen das Problem. Sie öffnen die Türe (räumen das Hindernis für ihn aus dem Weg) und ermöglichen ihm das Fressen. Nach wenigen Wiederholungen wird sich Ihr Hund auf das Aufnehmen von Blickkontakt als Anzeigeverhalten „einschießen“. Kommuniziert er verlässlich mittels dieses Anzeigeverhaltens, gehen Sie einen Schritt weiter.

Schritt 3: Ihr Hund findet die für ihn nicht erreichbare Person, hat dabei jedoch keinen direkten Sichtkontakt zu Ihnen. Er muss also zuerst ein Stück zurücklaufen, bevor er Blickkontakt mit Ihnen aufnehmen kann. Dazu lassen Sie ihn bereits einige Meter vor dem Versteck von der Fährtenleine, während Sie zum Beispiel hinter einer Hausecke außer Sicht zurückbleiben und warten. Ihr Hund kommt an die Person und wird sich erwartungsgemäß nach Ihnen umdrehen, um Sie so über Blickkontaktaufnahme heranzurufen. Da er Sie jetzt nicht sieht, aber weiß, wo Sie stecken, wird er zurücklaufen und Sie suchen. Kommt er um die Ecke gebogen, laufen Sie sogleich mit ihm zur Person und ermöglichen ihm dort den Zugang zum Napf.

Schritt 4: Damit es für beide Seiten spannend bleibt, können Sie Stück für Stück die Distanz zwischen sich und dem Personenversteck, von dem aus Sie der Hund holt, erweitern. Auch die Verstecke sollten variieren (zum Beispiel unter einer Plane). Da Ihr Hund inzwischen weiß, dass er Personen suchen soll, befindet sich dann das Futter bei Ihnen im Rucksack. Haben Sie das Verweisen einer Person über diesen Übungsaufbau bei Ihrem Hund etabliert, kann er jetzt Personen frei verloren suchen (siehe Abb. 1–5), in Gebäuden oder im Rahmen einer Flächen- oder Trümmersuche.

Tipp

ANZEIGEN VON PERSONEN MINDERT MISSTRAUEN GEGENÜBER FREMDEN

Das Anzeigen von Personen generalisieren Sie bei Ihrem Hund, indem Sie anfangs noch die Örtlichkeit beibehalten, dafür aber von Familienmitgliedern auf dem Hund bekannte Personen und schließlich auf Fremde wechseln.

VERWEISEN
Kommunikatives Anzeigen

[1] Sasha füttert „Wolle“ aus der Hand, läuft dann weg und versteckt sich in einer geschlossenen Hütte.

[2–3] „Wolle“ hat Sasha gefunden, kommt aber nicht an sie heran. Deshalb schaut er nach Michl und als dieser nicht gleich reagiert, beginnt er kommunikativ zu bellen.

[4] Das ist der Auslöser für Michl, freudig zu seinem Hund hinzulaufen ...

[5] ... und die Tür zu öffnen. Er hat „Wolle“ geholfen, das Problem zu lösen.

ANZEIGEVERHALTEN

Erwartungsvolles Bellen

[1] Der Hund wird zuerst zu dem auf einem Käfig abgelegten Dummy geschickt ...

[2] ... das bereits beim zweiten Mal gut verschlossen im Käfig liegt, damit er es nicht aufnehmen kann.

[3] Der Hund schaut fragend und Hilfe suchend und ...

[4] ... bellt erwartungsvoll. Das ist der Auslöser für Anton, freudig zu ihm hinzulaufen ...

[5] ... und ihm zu helfen, das Dummy zugänglich zu machen.

HAB GEFUNDEN BITTE HILF MIR

Das Ziel: Das Anzeigen eines Dummys, das der Hund nicht erreichen, fassen oder losmachen kann. Entweder liegt es in einer Tonne, einem Käfig, tief genug in einem Holzstoß versteckt oder Sie binden es fest. Folgendermaßen können Sie das aufbauen:

Schritt 1: Ihr Hund ist im „Sitz" und sieht Ihnen zu, wie Sie einen Käfig einige Meter entfernt aufstellen und ein Dummy darauf legen. Zurück beim Hund schicken Sie ihn zum Apport (Abb. 1) und tauschen anschließend. Ihr Hund verknüpft den Käfig mit dem Dummy.

Schritt 2: Sie lassen Ihren Hund erneut zusehen, wie Sie das Dummy zum Käfig bringen. Nur dieses Mal legen Sie es hinein, damit er es nicht aufnehmen kann und schicken ihn dorthin. Dadurch entsteht für ihn das Problem, dass er das Dummy weder mit seinem Maul greifen noch mit der Pfote herauskratzen kann (Abb. 2).
Nach einigen erfolglosen Versuchen, in den Besitz des Dummys zu gelangen, wird er wegen der für ihn äußerst unbefriedigenden Situation nach Wegen suchen, Ihnen seine missliche Lage zur Kenntnis zu bringen.
Jetzt müssen Sie nur noch abwarten, bis der Hund Sie anschaut (Abb. 3) oder in Ihre Richtung bellt. Das ist der Auslöser für Sie, zum Käfig zu rennen (Abb. 4) und ihm dort das Dummy zugänglich zu machen (Abb. 5). Die Chance ist jetzt sehr groß, dass er bei einem Wiederholen der Übung auf das zuletzt belohnte Verhalten zurückgreift und dieses dann bereits im Sinne einer gezielten Mitteilung an Sie zeigt.

Schritt 3: Als Nächstes können Sie den Käfig außer Sicht hinter einer Hecke oder einem Hauseck abstellen, damit er Sie holen muss. Sie können dabei vorsichtig um die Ecke schielen, um gleich durchzustarten, wenn er durch einen Blick in Richtung Hausecke den Kontakt zu Ihnen sucht.

Variation: Auch am Ende einer Dummyschleppspur, die er an der Fährtenleine ausarbeiten darf, können Sie Ihren Hund das im Käfig ablegte Dummy verweisen lassen. Am Käfig angekommen, warten Sie – eine Leinenlänge entfernt – bis der Hund sich nach Ihnen umdreht und Sie „stumm" über Blickkontakt heranruft. Dann laufen Sie schnell die paar Meter zum Käfig, geben ihm das Dummy und auf der Fährte geht es zurück zum Ausgangspunkt, wo getauscht wird.

BRINGSEL-ANZEIGE

Es kommt auch häufiger vor, dass sich ein Hund länger bei einer gefundenen Person oder einem Dummy aufhält, weil er sehr erregt ist. Vielleicht bedrängt er die Person oder er zieht und zerrt am festgebundenen Dummy oder dem Käfig, in dem das Dummy steckt. Manche Hunde wollen unbedingt apportieren, was ihnen aber weder bei einer Person noch bei einem fixierten oder unerreichbaren Dummy gelingt. Bietet man dem Hund über das Bringsel einen Ersatz an, hat er keinen Grund mehr, sich lange an der Person oder am Käfig mit Dummy aufzuhalten. Das Bringsel-Verweisen können Sie folgendermaßen aufbauen:

Schritt 1: Es ist Fütterungszeit. Legen Sie das Bringsel vor dem Hund auf den Boden. Dann deuten Sie darauf und schnippen mit dem Finger, damit er es aufnimmt. Legt er es Ihnen in die Hand, darf er sofort aus seinem Futternapf fressen. Wichtig ist hier nicht

Info

BRINGSELVERWEISER

Nur ein Hund mit sehr hoher Motivation zum Apportieren kann ein zuverlässiger Bringselverweiser werden.

BRINGSEL ANLEGEN bringt Emma in Suchlaune.

AUF DIE SPUR DEUTEN lenkt Emma vom Bringsel ab.

Sitzen, Festhalten und Abgeben, sondern beim Hund die Verknüpfung herzustellen: Bringsel aufheben und übergeben bedeutet Fressen. Das wiederholen Sie über einige Tage und achten dabei darauf, dass alles immer zügig abläuft. Wenn das funktioniert, legen Sie das Bringsel einige Meter weiter entfernt ab, deuten mit dem Finger Richtung Bringsel, lassen es sich geben und geben dann die Erlaubnis zum Fressen.

Schritt 2: Beim nächsten Schritt wartet der Hund im „Sitz" und darf zusehen, wie Sie das Bringsel in größerer Entfernung verstecken, zum Beispiel hinter einem Gebäude oder einem Strauch. Wieder zurück bei ihm schicken Sie ihn zum Suchen. Wieder darf der Hund fressen, wenn er das Bringsel gefunden und Ihnen übergeben hat.

Schritt 3: Jetzt soll der Hund verknüpfen: „Wo eine Person ist, ist auch ein Bringsel. Und wenn ich das bringe, bekomme ich Futter." Dazu legt sich eine Person auf die Erde. Sie holen Ihren Hund, gehen mit ihm in die Nähe der Person, lassen ihn sitzen, legen sichtig für ihn das Bringsel ca. 20 Zentimeter vor der Person auf den Boden und schicken ihn. Der Rest – Bringsel aufnehmen und zurückkommen – bleibt wie gehabt. Um das Verhalten zu generalisieren, müssen die Standorte der Person variiert und die Übung einige Male hintereinander wiederholt werden.

Wenn Sie sehen, dass der Hund sich primär für das Bringsel interessiert, legen Sie es als Nächstes bereits sichtig für ihn auf die Person. Wichtig: Die Person muss sich dem Hund gegenüber völlig neutral und ruhig verhalten. Die erste Hürde ist genommen, wenn der Hund das Bringsel jedes Mal von der Person herunternimmt, ohne sich weiter für diese zu interessieren.

Schritt 4: Die Person geht um die Ecke eines Gebäudes herum außer Sicht. Ihr Hund wird auf der Fährte angesetzt. Er wird richtig folgern: Wo es nach Person riecht, ist das Bringsel nicht weit. Die Fährte führt zur Person, auf der das Bringsel liegt. Die Annahme Ihres Hundes erfährt Bestätigung: Er nimmt das Bringsel auf, dreht sofort um und apportiert es.

Schritt 5: Die Person legt einen Fährtenabgang wie auf Seite 138, 139 beschrieben und geht von dort aus nicht sichtig für den Hund, los. Nun lassen Sie den Hund an dieser Stelle in das speziell dafür vorgesehene Halsband, an dem Sie das Bringsel befestigt haben, schlüpfen und schicken ihn los. Weil der Hund sich auf die Fährte konzentriert, wird er das Bringsel, das zwischen seinen Läufen hängt, nicht weiter beachten, sondern zielorientiert mit der Nase suchend nach vorne streben (siehe Abb. 3). Haben Sie ihn gut auf das Bringsel eingestellt, sucht er es bei der Person.

DIE SPUR hält Emma davon ab, das Bringsel zu realisieren.

AM FELL sucht Emma das Bringsel, findet es und nimmt es in den Fang.

Da er sich jetzt nicht mehr in der Vorwärtsbewegung befindet, wird er das Bringsel, das zwischen seinen Pfoten hängt, rasch bemerken, dieses aufnehmen und zu Ihnen zurückeilen.
Ist der Hund samt Bringsel im Fang bei Ihnen angekommen, schicken Sie ihn mit „Such" noch einmal los und folgen ihm schnell bis zur Person. Dort angekommen geht es sogleich gemeinsam – Sie, Ihr Hund und die Suchperson – zurück zum Ausgangspunkt, wo er das Bringsel gegen Futter eintauschen kann.
Lässt der Hund während der Aktion das Bringsel fallen, ermuntern Sie ihn einfach, es mit einem freundlichen „Nimm!" wieder vom Boden aufzunehmen. Der Hund sollte das Bringsel so lange als Faustpfand im Fang behalten, bis alle drei, also Sie, die Person und der Hund, wieder am Ausgangspunkt der Fährte zurück sind.

Schritt 6: Hat Ihr Hund das Prinzip des Bringsel-Verweisens grundsätzlich verinnerlicht, können Sie den Schwierigkeitsgrad erhöhen. Zu Beginn schicken Sie ihn aus einer Entfernung von 20 bis 30 Metern zu der Person los, damit er diese verweist. Im Laufe der Zeit lassen Sie ihn zunehmend größere Strecken allein und außer Sicht zurücklegen, bevor er bei der Person ankommt. Wenn alles zuverlässig klappt, können Sie dazu übergehen, das Bringsel-Verweisen mit verschiedenen Personen zu praktizieren.

ANTON HAT DAS FELL und Emma eilt zurück zum Ausgangspunkt ...

... dabei behält sie das Bringsel als „Faustpfand" für den Futternapf im Fang.

Mantrail und PETTRAIL

Der Mantrailer

Mantrailing ist ein populäres Thema. Mittlerweile gibt es bereits viele Hundeschulen, die Kurse dazu anbieten. Im Rahmen diese Buches möchte ich ebenfalls kurz auf dieses spannende Thema eingehen.

Ich ordne den Begriff „Mantrailer" korrekterweise dem Rettungshundewesen zu. Deshalb bezeichne ich in den vorherigen Kapiteln meines Buches diese Arbeit des Hundes als Personensuche, die Ihnen in erster Linie zur Auslastung Ihres Hundes dienen soll.

SPEZIALGEBIET DES RETTUNGSHUNDEWESENS

Beim Mantrailing, einem Spezialgebiet des Rettungshundewesens, verfolgt der Hund die komplexe Fährte einer Person und orientiert sich dabei an deren Individualgeruch. Da Mantrailing auch in dicht besiedeltem Gebiet mit starkem Publikumsverkehr stattfindet, wo es aufgrund komplexer Windverwirbelungen zur extremen Vermischung von Geruchspartikeln kommt, wird hier Geruchsdifferenzierung auf höchstem Niveau vom Hund gefordert. Zudem sammeln sich die Geruchsstoffe in bebautem Gebiet durch diese komplexen Windverhältnisse an den ungewöhnlichsten Stellen.
Orientiert sich ein Hund nun überwiegend an diesen „verwehten" Geruchspartikeln, kann es sein, dass er von der eigentlichen „Trittspur" zu weit abkommt, weil er den Verwirbelungen folgt. Verlieren sich die Geruchspartikel irgendwann und ist dann die „Trittspur" zu weit entfernt, bekommt der Hund Probleme, wieder zu dieser zurückzufinden.
Hier ist der Hundeführer gefordert, sich zu erinnern, zu welchem Zeitpunkt der Hund noch auf der richtigen Fährte war, und zu erkennen, wann es sinnvoll ist, ihm Hilfestellung anzubieten, ohne dabei dessen selbstständiges Suchverhalten zu beeinflussen.

BASISFÄHIGKEITEN DES HUNDES GEZIELT FÖRDERN

Ich lege die Gewichtung bei der Einarbeitung eines Hundes darauf, seine fürs Mantrailing nötigen Basisfähigkeiten gezielt zu entwickeln. Dabei geht es nicht um die Länge einer Strecke, sondern um Geruchszuordnung und -differenzierung, variablen Einsatz der Nase (Kombination von Trittspur und verwirbelten Geruchspartikeln) und um gelungenes Zusammenspiel zwischen Mensch und Hund.
Ein Hund soll nicht mit der Idee suchen: „Ich jage einer Person hinterher, um schnellstmöglich an diese zu gelangen" und dabei den Hundeführer am Ende der Fährtenleine vergessen oder ihn als unnötigen Ballast und Spaßbremse hinterherschleifen. Vielmehr soll er mit der inneren Einstellung suchen: „Ich will meinen Partner Mensch mit der Suchperson zusammenführen." Daraus resultiert unter anderem, dass der Hund den Fährtenverlauf wesentlich ruhiger und konzentrierter liest – also gewissermaßen buchstabiert.
Ohne eine ruhige Arbeitsweise ist es für den Hundeführer um ein Vielfaches schwieriger, den Zusammenhang zwischen Trittspur am Boden und den an den Gebäuden anhaftenden Geruchspartikeln unter Einbeziehung der Windverhältnisse räumlich zu erfassen. Dies ist jedoch wichtig, um dem Hund gegebenenfalls Hilfestellung anbieten zu können.

In den zurückliegenden Kapiteln zum Thema Fährten- und Spurensuche haben Sie bereits die wichtigsten Grundlagen zur Personensuche mit Ihrem Hund kennengelernt. Das wird in den folgenden Bildreihen noch einmal stark vereinfacht dargestellt.

BASIS-BAUSTEINE

Für erfolgreiches Mantrailing

1. Der Hund hat Interesse, die zu suchende Person zu finden

[1–3] Der Helfer geht mit Futter in der Hand in die Hocke, der Hund nimmt Kontakt auf. Der Helfer entfernt sich erneut auf Sicht und geht wieder in die Hocke. Nach weiterer Kontaktaufnahme des Hundes verschwindet der Helfer schließlich außer Sicht und versteckt sich. Das Interesse des Hundes, die Person zu suchen, ist geweckt.

2. Der Hund kombiniert hohe und tiefe Nase, meistert komplexe Windverhältnisse und differenziert vorhandene Geruchspartikel

[4–5] Bei dieser Suche arbeitet der Hund im Wechsel von Nase tief und Nase hoch durch die sich ergebenden Windkanäle zwischen den Fahrzeugen. Zudem bleiben auch Partikel der Suchperson an den Fahrzeugen hängen. Gleichzeitig muss er den Verlauf der Geruchspartikel der Suchperson aus der Geruchsansammlung der anderen Fahrzeughalter herausfiltern.

[6]

[7]

[8]

3. Der Hund „buchstabiert" den Fährtenverlauf auch auf schwierigem Untergrund und bezieht Bodenverwundung und Abrieb der Sohlen mit ein

[6–8] Der Hund kennt normale Bodenverwundungen auf Bewuchs, die jedoch kaum vergleichbar sind mit der Bodenverletzung auf Teer oder Pflaster, wo er sich zusätzlich am Abrieb der Sohlen orientieren kann. Einfacher wird es für ihn, wenn sich die Person barfuß entfernt.

[9]

[10]

[11]

4. Der Hund zeigt die gefundene Person durch Verweisen an

[9–11] Der Hund hat die Suchperson gefunden und zeigt sie dem Hundeführer an. Verweisen bewirkt, dass der Hund bewusst den Kontakt zwischen Suchperson und Hundeführer herstellt. Solch eine Aufgabe endet mit dem Zusammenspiel von Hundeführer und Hund.

Vom Hobby zum ehrenamtlichen Einsatz

Vielleicht hat Sie die Personensuche so begeistert, dass Sie zusätzlich zu dieser Form der spielerischen Beschäftigung mit Ihrem Hund einen Schritt weitergehen wollen in Richtung ehrenamtliche Tätigkeit und Rettungshundearbeit.

WAS FORDERT DER REAL-EINSATZ VOM HUNDEFÜHRER?

Bevor Sie sich entscheiden, sollten Sie sich im Klaren sein, was von Ihnen als Hundeführer gefordert wird und wie das Leistungsprofil eines einsatzfähigen Hundes aussieht.

Die folgenden Voraussetzungen sollten Sie mitbringen:

- Physische und psychische Belastbarkeit
- Zuverlässigkeit und Einsatzbereitschaft
- Teamfähigkeit
- Zeit und Geduld
- Erste-Hilfe-Kenntnisse für Mensch und Hund
- Orientierungs- und Kartenarbeit
- Organisation und Einsatztaktik beim Einsatz von Such-Teams, insbesondere der Lagebeurteilung
- Verhaltensgrundsätze beim Transport von Hunden
- Unfallverhütung, Sicherheit im Einsatz
- Einweisung in Sprechfunk gemäß den vorgeschriebenen Anforderungen
- Sich selbst und den Hund fit halten, um Leistung und Einsatzfähigkeit zu erhalten.

DAS LEISTUNGSPROFIL DES HUNDES BEIM MANTRAILING

1. Geruchsstoffträger: Der Hund lässt sich über Geruchsstoffträger auf das Suchobjekt einstellen (siehe Seite 124).
2. Fährtenbeginn: Der Hund sucht selbstständig die zum Geruchsstoff passende Fährte und folgt dieser in Fluchtrichtung (siehe Seite 138).
3. Fährtenreinheit: Der Hund orientiert sich fährtenrein an den Geruchspartikeln der Suchperson und ignoriert Geruchsüberlagerungen von fremden Personen und kreuzende Spuren von Tieren (siehe Seite 139).
4. Geländewechsel: Auch bei Geländewechsel (Wald, Wiese, Feld, Kies, Teer) kann der Hund trotz der sich verändernden Geruchspartikel (Bakterien, Pilze) den zu Beginn angebotenen Geruchsstoff weiterhin zuordnen und arbeitet die Fährte auch durch schwieriges Gelände (Gestrüpp, Pfützen, unter Wasser stehende Flächen) aus.
5. Winkel: Der Hund arbeitet Winkel (siehe Seite 126).
6. Wetterbedingungen: Der Hund sucht unabhängig von Wetterbedingungen wie: Hitze, Regen, Nebel, starker Wind, Unwetter, Frost, Schneegestöber, hohe Temperaturen, Minusgrade.
7. Bebauung: Der Hund setzt in der Bebauung (Fußgängerzonen, Groß-Parkplätze) und innerhalb von Gebäuden gekonnt seine Nase im Wechsel von hoch zu tief ein (Trittspur und verwirbelte Geruchspartikel; siehe Seite 160).

Dieses Leistungsprofil kann bei entsprechender Begabung des Hundes auch im Bereich „Personensuche als Freizeitbeschäftigung" erreicht werden, wenn sich Gleichgesinnte zusammentun.
Mein Tipp: Gründen Sie einfach eine Freizeitpersonensuchgruppe.

Der Pettrailer

Wenn Sie im Laufe des Trainings so weit sind, dass Ihr Hund alle aufgezählten Anforderungen problemlos beherrscht, bietet sich zur Personensuche noch eine weitere spannende Sparte an: der sogenannte Pettrail.

Beim Pettrailing werden Hunde eingesetzt, um andere Haustiere, wie zum Beispiel Schildkröten oder Meerschweinchen, vor allem aber Hunde aufzuspüren.
Der überwiegende Teil der Anfragen nach einem Pettraileinsatz kommt von Hundebesitzern, deren Hund sich Stunden zuvor im Wald mit angeklinkter Schleppleine entzogen hat. In solch einem Fall könnte der Hund sich durch die Schleppleine so verhängen, dass er bei großer Hitze im Sommer verdursten und bei sehr tiefen Temperaturen im Winter erfrieren kann. Ängstliche Hunde – vor allem aus Tierhilfsorganisationen – fliehen oft panisch, wenn sie sich stark erschrecken, und verstecken sich.
Das A und O beim Pettrail ist, dass der Hund tatsächlich jeden Geruchsstoff, den man ihm anbietet, der entsprechenden Spur zuordnet und diese dann gezielt verfolgt. Hunde, die das erfüllen, können darüber hinaus sogar variabel für bestimmte Bereiche der Jagd eingesetzt werden.

ÜBUNGSAUFBAU

Sie benötigen einen Helfer, einen Hund, der sich gut heranrufen lässt und der daran gewöhnt ist, in einer Hundebox zu sein. Dazu eine Hundebox und einen gefüllten Futternapf. Wie beim Mantrailing braucht man einen eindeutigen Geruchsstoffträger, der möglichst nur nach dem zu suchenden Hund riecht, zum Beispiel sein Halsband oder ein Halstuch, das der Hund getragen hat.

DER SPURBEGINN wird die ersten Male deutlich markiert. Ein vom Hund getragenes Halstuch kann als Geruchsstoffträger dienen.

[1] Hund und Besitzer gehen zusammen los und legen eine Doppelspur.

[2–3] Franzl riecht am Halstuch, speichert den Geruch ab und sucht.

Schritt 1: Eine Hilfsperson bindet dem zu suchenden Hund ein Halstuch ca. eine halbe Stunde vor dem Trail um und legt es dann am Ausgangspunkt ab (siehe Abb. Seite 163). Dann geht der Helfer mit Hundebox und angeleintem Hund etwa 100 Schritte eine gerade Linie (Abb. 1). Der Hund kommt in seine Box, der Futternapf wird auf die Box gestellt und der Helfer entfernt sich weiter in gerader Linie außer Sicht.

Schritt 2: Sie kommen mit Ihrem Hund an den Ausgangspunkt, legen ihm Fährtenhalsband und Fährtenleine um, bieten ihm den Geruchsstoffträger an (Abb. 2) und schicken ihn auf die Suche (Abb. 3).
Da es sich hier beim ersten Übungsaufbau um eine Personen- und eine Hundespur handelt, wird Ihr Hund kein Problem damit haben, zu der Hundebox und damit zu seinem Napf als Belohnung zu gelangen (Abb. 4). Diese Versuchsanordnung entspricht der Vorgehensweise bei einer Dummyschleppe, nur dass hier das Dummy durch einen anderen Hund ersetzt wurde.

Schritt 3:
Da ein entlaufener Hund keine zusätzliche Personenspur hinterlässt, wird jetzt eine reine Hundespur geschaffen, die Ihr Hund verfolgen soll. Das geht so: Sie bringen Ihren Hund zuerst außer Sicht und kehren dann wieder zur Hundebox zurück. Der Helfer legt am Ausgangspunkt wieder den Geruchsstoffträger (Halstuch) als Markierung für den Fährtenabgang ab und übergibt Ihnen den zu suchenden Hund, den Sie am Halsband festhalten. Dann entfernt er sich mit der Box in einem großen Bogen an eine ca. 100 Meter entfernte Stelle. Dort stellt er die Hundebox ab und ruft seinen Hund heran (Abb. 5). Der Hund läuft zu seinem Halter, kommt in die Box, der Futternapf auf die Box, der Halter entfernt sich. Jetzt gehen Sie mit Ihrem Hund zum Fährtenabgang, bieten ihm den Geruchsstoffträger an und lassen ihn an der Fährtenleine den Pettrail ausarbeiten (Abb. 6–7).

Schwierigkeitsgrad steigern: Hat Ihr Hund diese Aufgabe gut gemeistert, können Sie die nächsten Pettrails bereits mithilfe weiterer

[4] Am Hundekäfig wartet schon der Futternapf auf Franzl.

[5] Nahtlos geht es weiter mit einer reinen Hundespur. Der Besitzer ist woanders gegangen.

Helfer komplexer gestalten: Sie halten den zu suchenden Hund fest, sodass Helfer und Hundebesitzer sich in einem weiten Bogen entfernen können. Der Hundehalter ruft nun seinen Hund zu sich. Dann hält der Helfer diesen am Halsband fest, während der Hundeführer sich wieder ein Stück entfernt, die Box abstellt und seinen Hund erneut ruft. Der Hund kommt in die Box und Helfer wie Hundehalter entfernen sich weiträumig von der Spur außer Sicht. Nicht vergessen! Alle Personenspuren müssen woanders verlaufen als die Hundefährte. Die Suche startet wie gehabt: Geruchsstoffträger anbieten, Spur aufnehmen und ausarbeiten lassen. Mit jedem neu hinzukommenden Helfer können die zu suchende Hundespur verlängert, Winkel eingebaut und damit der Schwierigkeitsgrad erhöht werden.

[6] Halstuch in der Tüte zum Anriechen und Einstellen auf die Hundesuche.

[7] Franzl wurde fährtenrein eingearbeitet und meistert seinen ersten Pettrail hervorragend.

SERVICE

Ein Wort zum Schluss

Ich hoffe, meine Ideen zum Thema Suchen und Apportieren haben Sie dazu inspiriert, Neues mit Ihrem Hund auszuprobieren und gemeinsam Freude daran zu haben.

Mit meinen Ideen möchte ich diejenigen, die das Suchen und Apportieren nur aus Spaß und Interesse betreiben wollen, ebenso begeistern wie auch jene, die sich bei vorhandenem Talent des Hundes wirklich zu ernsthafteren Einsätzen im Sinne der Rettungshundearbeit hinarbeiten möchten. Nutzen Sie meine Übungsvorschläge und Tipps und scheuen Sie sich nicht, eigene Varianten zu entwickeln. Doch bitte denken Sie dabei immer daran, Ihren Hund nicht aus persönlichem Ehrgeiz zu überfordern. Finden Sie vielmehr eine ausgewogene Balance zwischen Erfolg, Gehorsam und Freude am gemeinsamen Tun. Die spielerischen Aufgaben, die den Alltag für Ihren Hund spannend gestalten, sind ebenso wichtig, wie all die Übungen, über die er kontrollierbarer wird. Nehmen Sie sich für sanftes Spielen und Schmusen genauso viel Zeit wie für Trainingseinheiten, die Ihrem Hund das Ausleben seiner Talente ermöglichen, was Ihnen wiederum seine Führung erleichtert. Gehen Sie dabei immer auf seine Gestimmtheit und Leistungsfähigkeit ein und achten Sie darauf, ihn nicht zu überfordern. Kein Hund kann in nur wenigen Wochen zu einem exzellenten Apportierer oder Fährtensucher trainiert werden. Und zu einem guten Mantrailer gehört weit mehr als nur Spaß beim Suchen versteckter Personen. Eine solche Ausbildung erfordert wohldurchdachtes Engagement, Bereitschaft, viel Zeit dafür aufzuwenden und nicht zuletzt Geduld.
Und sollte sich Ihr Hund nur für das eine oder andere Aufgabengebiet eignen, ist das auch kein Beinbruch. Wichtig ist doch in erster Linie, Spaß, Freude und Gemeinsamkeit mit dem eigenen Hund zu erleben.

Für mich gilt: Kommunizieren kommt vor dem Konditionieren. Deshalb sollte bei allem, was Sie gemeinsam mit Ihrem Hund unternehmen, immer der kommunikative Aspekt im Vordergrund stehen, so auch beim Suchen und Apportieren. Eine wunderbare Art und Weise, die Seele des Hundes empfinden zu lernen.

Natürlich freue ich mich über jedes Feedback zu meinem Buch.

Anton Fichtlmeier
D-82335 Berg
www.fichtlmeier.de

HUNDEAUSBILDUNG NACH
FICHTLMEIER®

DIE AUTOREN

Anton Fichtlmeier
ist einem großen Publikum durch Fernsehen, prämierte Bücher und international prämierte DVDs, die Fachpresse, zahlreiche Seminare, Vorträge und Messepräsentationen bekannt. Seine Forschungsergebnisse gibt er in Fachvorträgen und Seminaren weiter. Er decodierte Verhaltensmuster, die unter dem Begriff „Gruppenorganisierende Verhaltensmuster" bekannt wurden. Diese bedienen neben dem Spielverhalten der Hunde einen eigenen Funktionskreis.

Liebevoll und detailliert beschreibt und zeigt Fichtlmeier seine Arbeitsweise in seinen Büchern und DVDs. Fichtlmeiers Hundeausbildung vermittelt ein optimales und in sich sehr schlüssiges Ausbildungskonzept, das mittlerweile einen Großteil der Hundeszene beeinflusst, erfreulicherweise auch immer mehr die Trainingsmethoden des Jagdgebrauchshundes. Seinen großen Erfahrungsschatz in der Prägung von Welpen, bei der Ausbildung und dem Einsatz von Dienst- und Jagdgebrauchshunden spürt man beim Lesen dieses Buches.

Gila Fichtlmeier
begleitet die Arbeit ihres Mannes mit der Film- und Fotokamera. In ihrer Hand lag auch hier wieder die Auswahl der Bilder dieses Buches. In den Fachzeitschriften „Pirsch" und „St. Hubertus" (Österreich) veröffentlicht sie Berichte über Jagdhunde in der Familie und im Jagdeinsatz.

HUNDEAUSBILDUNG NACH FICHTLMEIER

Immer mehr Hundebesitzer und Hundetrainer wollen den Weg des Vertrauens gehen und die Kommunikation mit den Vierbeinern erlernen. So ist Anton Fichtlmeiers Hundeausbildung heute eine von zahlreichen Hundeschulen, Trainern und Hundebesitzern erfolgreich eingesetzte Methode, die eine optimale Basisausbildung für den Familien-, Jagd-, oder Rettungshund vermittelt.
Nach seinem lizenzierten Ausbildungskonzept arbeiten immer mehr Hundeschulen im deutschsprachigen Raum. Aus diesem Grund baut Anton Fichtlmeier ein Netzwerk von ausgewählten, kompetenten Partnern, die seine Methode erfolgreich praktizieren, in Deutschland, Österreich, der Schweiz und Kanada, kontinuierlich aus.
Interessierte finden mehr Informationen und alle Kontaktdaten unter www.fichtlmeier.de und trainerschulung.fichtlmeier.de.

Info

DER WEG DES VERTRAUENS – EIN ETWAS ANDERER WEG ZUR SEELE DES HUNDES …
„Gegenseitiges Verstehen und füreinander Dasein sollte die Basis der Partnerschaft zwischen Hund und Mensch sein", das ist die Philosophie von Anton Fichtlmeier.

VON DEN AUTOREN AUSSERDEM ERSCHIENEN

Fichtlmeier, Anton: **Der Hund an der Leine**, Kosmos 2007

Fichtlmeier, Anton & Fichtlmeier, Gila: **Weimaraner**, Kosmos 2010

Fichtlmeier, Anton &, Numßen, Julia: **Die Prägung des Jagdhundwelpen**, Kosmos 2011, Jagdbuch des Jahres 2011, 2. Preis

Fichtlmeier, Anton & Numßen, Julia: **Die Ausbildung des Jagdhundes**, Kosmos 2013, Jagdbuch des Jahres 2013, 1. Preis

Fichtlmeier, Anton: **Grunderziehung für Welpen**, Kosmos 2014

Lehrfilme

DVD **Der Weg des Vertrauens**, Grundlagen, Prämiert

DVD **Der Hund an der Leine**

DVD **Der brauchbare Jagdhund im Feld**, Prämiert

DVD **Der brauchbare Jagdhund am Wasser**, Prämiert

NÜTZLICHE ADRESSEN

Anton Fichtlmeier
www.fichtlmeier.de

Trainerschulung nach Fichtlmeier
http://trainerschulung.fichtlmeier.de

Fichtlmeiers Onlineshop
www.best4dogs.de

Rettungshundestaffel Nordbayern
Nach Anton Fichtlmeier
www.rhs-nordbayern.de

ZUM WEITERLESEN

Buddenbrock, Andrea Freiin von: **Der Hund im Rettungsdienst**. Kynos

Feddersen-Petersen, Dorit U.: **Ausdrucksverhalten beim Hund**. Kosmos

Feddersen-Petersen, Dorit U.: **Hundepsychologie**. Kosmos

Feddersen-Petersen, Dorit U.: **Verhaltensentwicklung beim Hund**. Kosmos

Hüther, Gerald: **Biologie der Angst.** Vandenhoeck & Ruprecht

Huizinga, Johan: **Homo Ludens, Vom Ursprung der Kultur im Spiel.** Rowohlts Enzyklopädie

Lausberg, Frank: **Erste Hilfe für den Hund.** Kosmos

McFarland, David: **Biologie des Verhaltens.** Spektrum Akademischer Verlag

Numßen, Julia: **Nachsuchen wie die Profis.** BLV Buchverlag

Spitzer, Manfred: **Digitale Demenz.** Droemer TB

Spitzer, Manfred: **Lernen und Gehirn.** Nikol Verlag

Syrotuck, William G.: **Hund, Geruch und Fährte.** Dr. Weidner, Eigenverlag

Wegmann, Angela & Heines, Wilfried: **Such und Hilf**. Kynos

Zvolsky, Norma: **Trainingsbuch für Retriever.** Kosmos

REGISTER

BILDNACHWEIS

216 Farbfotos wurden von Gila Fichtlmeier extra für dieses Buch aufgenommen.

Weitere 24 Farbfotos von Sebastian Hatik (1: S. 81), Daniela Hubl (1: S. 100 li.), Sasha Krajnakova (5: S. 53, S. 58, S. 60, S. 100 re., S. 158), Ursula Minder (1: S. 2 li. u.), Jeannette Rauschert (4: S. 29 o., S. 31 o., S. 93, S. 98 o.), Andreas Russwurm (9: S. 54, S. 55, S. 77, S. 88 beide, S. 90 beide, S. 91, S. 133 o.), Andreas Schwarz (1: S. 29 u.), Michael Stähler (2: S. 3 o., S. 50-51)

Mit 18 Illustrationen von Wolfgang Lang.

IMPRESSUM

Umschlaggestaltung von eStudio Calamar unter Verwendung von Farbfotos von Gila Fichtlmeier.

Mit 240 Farbfotos und 18 Farbzeichnungen.

Gedruckt auf chlorfrei gebleichtem Papier

ISBN 978-3-440-11852-8
Redaktion: Ute-Kristin Schmalfuß
Gestaltungskonzept: GRAMISCI Editorialdesign, München
Gestaltung und Satz: akuSatz, Andrea Kunkel
Produktion: Eva Schmidt
Druck und Bindung: Westermann Druck, Zwickau
Printed in Germany / Imprimé en Allemagne

FSC
www.fsc.org
MIX
Papier | Fördert gute Waldnutzung
FSC® C110508